湖北木林子国家级自然保护区
苔藓植物图鉴

吴 林 陈绍林 主编

科 学 出 版 社
北 京

内 容 简 介

本书基于作者历时5年对湖北木林子国家级自然保护区苔藓植物资源调查所获得的资料撰写而成。书中共记录该保护区苔藓植物59科125属299种，包括每个物种的性状、分布特征、野外生境照片，部分物种展示其叶片显微照片，书后附有中文名索引和拉丁名索引。书中收录的所有苔藓植物的标本存放于湖北民族大学林学园艺学院标本室，同时湖北木林子国家级自然保护区管理局存有备份，可向社会各界提供共享服务。

本书可供植物学领域的研究人员阅读，也可供生物多样性保护、自然资源管理等领域的政府相关决策部门参考。

图书在版编目（CIP）数据

湖北木林子国家级自然保护区苔藓植物图鉴 / 吴林，陈绍林主编. —北京：科学出版社，2023.3

ISBN 978-7-03-074034-2

Ⅰ. ①湖… Ⅱ. ①吴… ②陈… Ⅲ. ①自然保护区–苔藓植物–湖北–图集 Ⅳ. ①Q949.35-64

中国版本图书馆CIP数据核字（2022）第227418号

责任编辑：王海光　赵小林 / 责任校对：刘　芳

责任印制：吴兆东 / 封面设计：金舵手世纪

科学出版社 出版

北京东黄城根北街16号

邮政编码：100717

http://www.sciencep.com

北京捷迅佳彩印刷有限公司 印刷

科学出版社发行　各地新华书店经销

*

2023年3月第 一 版　开本：889 × 1194 1/16

2023年3月第一次印刷　印张：17 1/2

字数：565 000

定价：368.00元

（如有印装质量问题，我社负责调换）

本书资助项目

国家自然科学基金：

鄂西南亚高山泥炭藓湿地CO_2通量及其调控方式（41867042）

湖北木林子国家级自然保护区管理局科研专项：

湖北木林子国家级自然保护区苔藓植物资源调查

《湖北木林子国家级自然保护区苔藓植物图鉴》
编委会名单

主　编　吴　林　陈绍林

副主编　艾训儒　刘松柏

编　委（按姓名汉语拼音排序）

车昌武　陈俊韬　高娅菲　洪　柳　胡千禧

胡宇航　李帅君　李小玲　罗佳琪　牟　利

田八树　王　涵　王　梦　吴　浩　杨春宝

余玉蓉　曾　恒　赵媛博

前 言

湖北木林子国家级自然保护区地处武陵山余脉，位于湖北省恩施土家族苗族自治州鹤峰县北部，北纬29°55′59″-30°10′47″，东经109°59′30″-110°17′58″。面积20 838 hm^2，其中核心区7634 hm^2，缓冲区5621 hm^2，实验区7583 hm^2。保护区始建于1983年，1988年获批为省级自然保护区，2012年1月获批为国家级自然保护区。

保护区是武陵山脉北段的绿色屏障，其地理位置特殊，具有重要的生态功能，已被列为中国生物多样性保护优先区和具有全球意义的生物多样性关键地区，是华中地区最为重要的生物基因库之一。自20世纪80年代以来，先后有中国林业科学研究院、湖北省林业科学研究院、华中师范大学、华中农业大学、复旦大学、中国地质大学和湖北民族大学等单位的50多位专家到保护区进行考察研究。专家普遍认为，木林子是一片保存完好的原始森林，包括众多珍稀濒危物种，具有极高的保护和科研价值[1-3]。

基于各单位的考察研究工作，保护区植物资源和物种多样性得到较为系统的记述，近10年来先后有多部著作出版，包括《木林子国家级自然保护区植物图鉴》《湖北木林子自然保护区森林生物多样性研究》《湖北木林子森林动态监测样地——树种及其分布格局》等[4-6]。这些成果提升了人们对保护区植物资源的认知，提高了保护区的社会服务价值。然而，有关研究和成果尚缺少苔藓植物这一类群。

为了摸清保护区内苔藓植物资源状况，我们于2016年夏季和2018年秋季两次对保护区的苔藓植物进行采样调查，共采集苔藓植物标本781份。鉴定发现，保护区苔藓植物共有64科121属292种，其中苔类植物28科38属88种，藓类植物36科83属204种，相关数据已于2020年发表在《植物科学学报》[7]。2019～2021年，受湖北木林子国家级自然保护区管理局委托，我们又先后三次进入保护区进行苔藓植物资源调查与采集，共采集标本1024份。2022年，我们对上述五次调查获取的1805份标本进行重新整理，鉴定苔藓植物59科125属299种，比之前新增了7个物种，同时对部分物种名进行了更正。

由于苔藓植物矮小，其鉴定过程比较复杂，须利用显微镜。因此，苔藓植物很难引起人们注意，认识苔藓的人更是少之又少。为了丰富保护区的植物资源研究，填补苔藓这一类群的研究空白，也为了吸引人们关注这类特殊植物，我们将自己的考察研究成果编撰成本书，以彩色图鉴的形式展示湖北木林子国家级自然保护区苔藓植物。书中包括大量野外原色照片和室内显微照片，同时简要介绍每一物种的性状、生境和分布信息。书中科属排序主要参照《中国苔藓志》（第1-10卷）和《中国生物物种名录 第一卷 植物 苔藓植物》[8-9]。

在本书编写过程中，中国科学院沈阳应用生态研究所的李薇博士、贵阳市防震减灾服务中心的韩国营副研究员、华东师范大学的朱瑞良教授，以及青岛农业大学的衣艳君教授、广西壮族自治区中国科学院广西植物研究所的唐启明助理研究员对苔藓鉴定提供了帮助，在此一并深表感谢。

本书的出版弥补了保护区苔藓植物研究的不足，丰富了保护区物种数据，对进一步扩大保护区影响力、提升保护区的建设深度将起到一定推动作用。此外，我们希望本书不仅是一本可供研究者、保护区工作人员参考的工具书，也是大自然爱好者的科普读物，希望借助本书能有更多的人认识苔藓、喜欢苔藓、保护苔藓。

由于作者水平有限，书中难免有不足之处，真诚希望读者批评指正。

吴 林

2022年9月5日

目录

一 苔藓植物物种与区系特征

1. 自然概况

湖北木林子国家级自然保护区（以下简称木林子保护区）位于湖北省恩施土家族苗族自治州鹤峰县北部（29°55′59″N-30°10′47″N，109°59′30″E-110°17′58″E），面积20 838 hm^2。整个保护区处于清江流域中部，为武陵山余脉，区内沟壑纵横，海拔落差大，最高海拔2098.1 m，最低海拔1100 m。保护区为亚热带湿润季风气候，年均温15.3℃，年均降水量1529.2 mm，年均相对湿度82%。保护区内有维管植物203科918属2689种，其中国家重点保护珍稀濒危植物20种；蕨类植物有35科76属283种（含10变种3变型）。

2. 苔藓植物物种组成

经过标本鉴定并参考文献资料[10]，我们整理出了木林子保护区的苔藓植物名录，包括59科125属299种。其中，苔类植物（liverwort）25科41属97种，藓类植物（moss）32科82属199种，角苔类植物（hornwort）2科2属3种。木林子保护区苔藓植物科数占湖北省苔藓植物科数的60.82%，种数占全省的31.02%（表1）。

表1　木林子保护区苔藓植物数量及其占湖北省的比例

类群	木林子国家级自然保护区						湖北省		
	科数	占全省比例（%）	属数	占全省比例（%）	种数	占全省比例（%）	科数	属数	种数
苔类	25	69.44	41	65.08	97	43.50	36	63	223
藓类	32	55.17	82	37.1	199	27.04	58	221	736
角苔类	2	66.67	2	66.67	3	60.00	3	3	5
合计	59	60.82	125	43.55	299	31.02	97	287	964

木林子保护区苔藓植物中，优势科（≥10种）共11科，包含38属142种，占总科数的18.64%（图1）。排在前3位的优势科分别为：真藓科Bryaceae（4属19种）、提灯藓科Mniaceae（4属17种）、凤尾藓科Fissidentaceae（1属15种）。另外，保护区只含1种的科有11科，占总科数的18.64%，分别为：半月苔科（Lunulariaceae）、毛地钱科（Dumortieraceae）、光苔科（Cyathodiaceae）、绒苔科（Trichocoleaceae）、多囊苔科（Lepidolaenaceae）、牛毛藓科（Ditrichaceae）、树生藓科（Erpodiaceae）、卷柏藓科（Racopilaceae）、万年藓科（Climaciaceae）、柳叶藓科（Amblystegiaceae）、角苔科（Anthocerotaceae）。

对已报道的所有湖北苔藓植物数据进行统计后发现，木林子保护区苔藓植物中，有湖北新纪录科4科（半月苔科、多囊苔科、合叶苔科、木藓科）；新纪录属20属，分别是：半月苔属（*Lunularia*）、花萼苔属（*Asterella*）、圆叶苔属（*Jamesoniella*）、拳叶苔属（*Nowellia*）、筒萼苔属（*Cylindrocolea*）、塔叶苔属（*Schiffneria*）、合叶苔属（*Scapania*）、囊绒苔属（*Trichocoleopsis*）、山毛藓属（*Oreas*）、曲背藓属（*Oncophorus*）、长蒴藓属（*Trematodon*）、八齿藓属（*Octoblepharum*）、刺毛藓属（*Anacolia*）、变齿藓属（*Zygodon*）、毛柄藓属（*Calyptrochaeta*）、反叶藓属（*Toloxis*）、气藓属（*Aerobryum*）、毛梳

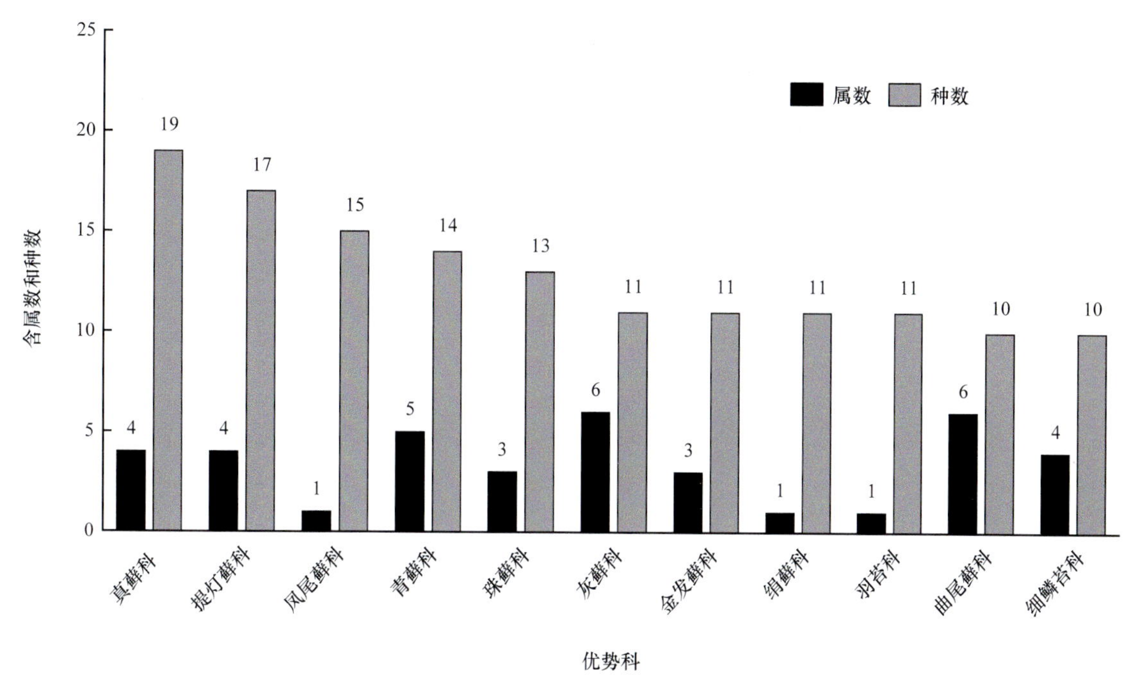

图1　木林子国家级自然保护区苔藓植物优势科及其属数和种数

藓属（*Ptilium*）、小锦藓属（*Brotherella*）、羽枝藓属（*Pinnatella*）；新纪录种72种（占湖北总种数的7.47%），主要有半月苔［*Lunularia cruciata* (L.) Dumort. ex Lindb.］、多托花萼苔［*Asterella multiflora* (Steph.) Pandé, K. P. Sirvastava & Sultan Khan］、东亚圆叶苔（*Jamesoniella nipponica* Hatt.）、拳叶苔［*Nowellia curvifolia* (Dicks.) Mitt.］、囊绒苔［*Trichocoleopsis sacculata* (Mitt.) S. Okamura］、高领黄角苔［*Phaeoceros carolinianus* (Michx.) Prosk.］、桧叶金发藓（*Polytrichum juniperinum* Hedw.）、山毛藓［*Oreas martiana* (Hopp. & Hornsch.) Brid.］、八齿藓（*Octoblepharum albidum* Hedw.）、狭叶扭口藓（*Barbula subcontorta* Broth.）等。

3. 区系分布特征

研究发现，苔藓植物与种子植物的地理分布规律一样，并与种子植物有着密不可分的关系。依据Zhang和Corlett[11]对香港苔藓植物区系的划分原则，可将木林子保护区苔藓植物299种划分为11个分布区类型（表2）。根据植物区系谱计算得出木林子保护区苔藓植物分布区各成分的比例（除世界广布种），其中，温带成分占木林子保护区苔藓植物总种数的31.32%，具有明显优势；东亚成分次之，有52种，占总种数的19.62%，说明东亚成分在该区系中也占有重要地位。由于木林子保护区地处武陵山余脉，又是第二、第三阶梯的过渡地带，海拔落差大，气候环境多样，这样特殊的地理环境，形成了多种小生境，因此也存在多种热带分布区类型。中国特有种只占4.15%，特有现象不明显。其他非优势区系成分间差别也不明显（表2）。可见，木林子保护区苔藓植物区系类型多样性较高。

表2 木林子国家级自然保护区苔藓植物种的分布区类型

序号	分布区类型	种数	百分比（%）
1	世界广布	34	—
2	泛热带	21	7.92
3	古气候	15	5.66
4	热带亚洲	48	18.11
5	亚洲-澳大利亚-大洋洲	8	3.02
6	东亚	52	19.62
7	东亚和南亚	8	3.02
8	东亚-印度-马来亚	7	2.64
9	跨太平洋	12	4.53
10	温带	83	31.32
11	中国特有	11	4.15
	合计	299	100.00

4. 苔藓植物分化特征

以木林子保护区为中心，选取周边4个自然保护区与之进行对比[12-16]，分析苔藓植物科、属、种的分化程度。结果显示，木林子保护区苔藓植物科、属、种的比值为1：2.12：5.07；清凉峰为1：2.31：5.44；大巴山为1：2.47：6.84；佛坪为1：2.63：7.66；十万大山为1：2.38：6.33（表3）。与其他保护区相比，木林子保护区呈现出科多种少的特点，可见木林子保护区苔藓植物分化程度要高于其他4个保护区，并且该保护区苔藓植物呈现相对古老的特点。这可能与木林子保护区独特的地理位置和气候条件有关。

表3 木林子保护区与其他国家级自然保护区苔藓植物科、属、种分化情况

地区	科/属/种	分化比例
木林子	59/125/299	1：2.12：5.07
清凉峰	62/143/337	1：2.31：5.44
大巴山	57/141/390	1：2.47：6.84
佛坪	62/163/475	1：2.63：7.66
十万大山	45/107/285	1：2.38：6.33

采用Pearson系数计算不同地区或不同地理成分间的相似性（均不含世界广布类群），物种相似性系数越大，表明物种起源、性质相似程度越高，而物种分化程度则越低。木林子保护区与东（浙江清凉峰）、西（重庆大巴山）、南（广西十万大山）、北（陕西佛坪）4个国家级自然保护区苔藓植物的比较结果显示，木林子保护区与大巴山的共有属、种最多，而与十万大山的共有属、种最少。属的相似性系数分析结果显示，木林子保护区与其他4个保护区的相似性程度均非常高。种的相似性系数分析结果显示，木林子保护区与清凉峰物种相似性系数最高，与十万大山物种相似性系数最低（表4）。以上结果大致符合距离越近物种相似度越高的规律。

表4 木林子保护区与其他国家级自然保护区苔藓植物组成及相似性比较

地区	科数/共有数/相似性系数	属数/共有数/相似性系数	种数/共有数/相似性系数
清凉峰	62/47/0.78	143/73/0.55	337/99/0.31
大巴山	57/34/0.59	141/76/0.59	390/101/0.30
佛坪	62/39/0.64	163/67/0.47	475/95/0.25
十万大山	45/34/0.65	107/45/0.40	285/66/0.23

注："共有数"和"相似性系数"均为与木林子国家级自然保护区的比较

二 苔类植物

1. 半月苔科 Lunulariaceae

001 半月苔 *Lunularia cruciata* (L.) Dumort. ex Lindb.

植物体较大，波状皱卷，多次分枝呈圆花状，绿色。叶状体不具中肋，背面具半月形的芽孢杯，内有芽孢。腹鳞片2列，半月形。雌雄异株。雄托生于雄株边缘裂瓣上；雌托生于雌株边缘凹陷处。

生境： 多生于阴湿土上。

分布： 产于我国湖北、湖南、台湾、四川、云南；为世界广布种。

叶细胞　　　　生境照

叶缘

2. 疣冠苔科 Aytoniaceae

002 紫背苔 *Plagiochasma cordatum* Lehm. & Lindenb.

植物叶状体绿色、暗绿色，革质状，腹面紫红色。叶状体气孔比较小。具球形油体。雌托较短，托柄上下两端均具毛；总苞头状，2-3个，每个2个苞片。孢子褐色。

生境：多生于山坡石缝土壤上。

分布：产于我国湖北、东北及西南各省份；日本、欧洲和北美洲亦有分布。

生境照

003 石地钱 *Reboulia hemisphaerica* (L.) Raddi

植物体匍匐。叶状体扁平，宽3-7 mm，先端心形，背部深绿色，革质状；腹面沿中轴着生多数假根，气孔单一型，凸出，由6-9个环绕细胞构成。鳞片呈覆瓦状排列，两侧各有1列，紫红色。雌雄同株。雄托无柄，贴生于叶状体背面中部，呈圆盘状；雌托生于叶状体顶端，托柄长1-2 cm，托盘半球形，绿色。孢蒴球形，黑色。

生境：多生于较干燥的石壁、土坡和岩缝土上。

分布：产于我国各地；为世界广布种。

生境照

004 钝鳞紫背苔 *Plagiochasma appendiculatum* Lehm. & Lindenb.

植物叶状体宽袋状，亮绿色，光滑，顶端稍波状。叉状分枝或顶状分枝，分枝数不定。腹鳞片紫色，附器较大，单个（偶尔2个），圆形、椭圆形或宽卵形，中央部分紫色，具透明边缘，先端钝或圆形，基部强烈收缩，边缘常具黏液瘤。雌雄同株。雌托退化，下方一般具2-4个贝壳状苞膜，苞膜内着生孢子。孢子具穴状网纹，具2-3条螺纹加厚。

生境： 多生于林缘湿润土面或岩面薄土上。

分布： 产于我国湖北、四川、贵州、云南等地；在喜马拉雅地区、亚洲东南部、中东及非洲西部亦有分布。

生境照

005 多托花萼苔 *Asterella multiflora* (Steph.) Pandé, K. P. Sirvastava & Sultan Khan

植物叶状体绿色，柔弱，先端有缺刻，背面绿色，微凸起，不分枝或一次分枝。表皮细胞薄，边缘细胞有时紫红色。气室在中肋部分分双层，有短营养丝。腹鳞片小，附器渐细披针形，单一或叉状分裂，裂片不等长。雌雄同株。雄托生于叶状体先端雌托附近，靠近雌托基部；雌托生于叶状体先端缺刻处。托柄具单假根沟，生有披针形细长透明鳞片。孢蒴圆形，褐色。

生境： 多生于林下或路边岩面湿土上。

分布： 产于我国湖北、四川、云南；在印度及喜马拉雅地区亦有分布。

生境照

3. 蛇苔科 Conocephalaceae

006 蛇苔 *Conocephalum conicum* (L.) Dumort.

植物叶状体深绿色，革质，二歧分枝，背面有六角形或菱形气室。每室中央有一个单一型的气孔，气室内有多数直立的营养丝，营养丝顶端细胞长梨形，有细长丝。腹面淡绿色，有假根，两侧各有1列深紫色鳞片。雌雄异株。雌托钝头圆锥形，褐黄色，有无色透明的长托柄，着生于叶状体背面先端；雌托幼时向内卷轴，老时向外伸展，甚至略向上卷起，孢蒴棍棒状梨形，有短柄。孢子褐黄色。

生境：多生于溪边林下阴湿土壤上。

分布：我国各地均有分布；朝鲜、日本、欧洲、北美洲亦有分布。

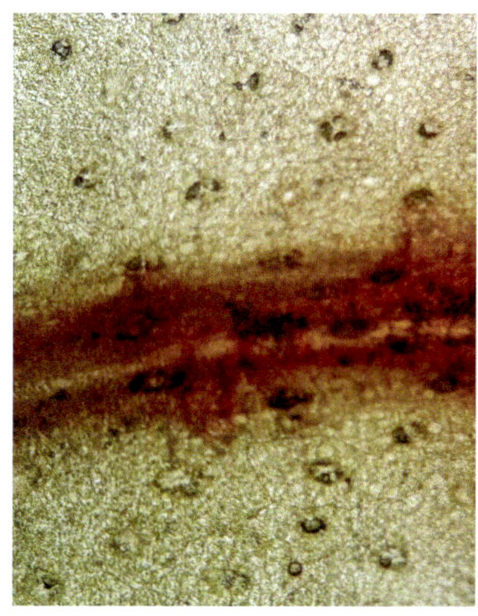

中肋

叶缘

生境照

孢蒴

007 小蛇苔 *Conocephalum japonicum* (Thunb.) Grolle

植物叶状体绿色、淡绿色至深绿色。叶状体二叉分枝，背面有小型室，每室中央有一单一型气孔，气室内有多数直立的营养丝，营养丝顶端细胞短梨形。中肋区细胞中有油体和黏液细胞。腹面有假根，两侧各有1列深紫色鳞片。秋季雌雄两株先端边缘密生绿色或暗绿色的芽孢体。

生境： 多生于溪边林下湿土壤上。

分布： 产于我国辽宁、陕西、湖北、台湾、贵州、云南；朝鲜、日本、南亚、东南亚、美国（夏威夷）亦有分布。

全叶　　叶缘

生境照

4. 地钱科 Marchantiaceae

008 地钱 *Marchantia polymorpha* L.

植物体叶状，密集丛生，宽带状，暗绿色。叶状体多回二歧分枝，边缘多波曲，背面具气孔。腹鳞片紫色，4-6列，附器圆形。芽孢杯边缘具粗齿。雌雄异株。雄托盘状，波状浅裂成7-8瓣；雌托扁平，深裂成9-11个指状裂瓣。孢蒴着生于腹面。

生境：多生于阴湿土坡、墙下或沼泽地湿土或岩石上。

分布：为世界广布种。

生境照 叶腹面

叶细胞 生境照

009 疣鳞地钱粗鳞亚种 *Marchantia papillata* subsp. *grossibarba* (Steph.) Bischl.

植物体叶状，中央有一条紫线，叉状分枝，边缘2-3个细胞宽，单层细胞厚，透明，横切面中部基础组织15-19个细胞厚，有稀疏紫色细胞。鳞片大，附器圆形，先端钝或具小尖头，附器垂直排列。芽孢杯边具1-3个细胞长的齿。雌雄异株。雌托柄长，雌托直径3-5 mm，有7-11裂瓣，裂瓣先端截齐形或微凹。雄托大，深裂6-8瓣。

生境： 多生于阴湿的土上。

分布： 产于我国湖北、四川、贵州、云南；缅甸、不丹、印度、斯里兰卡和泰国亦有分布。

生境照

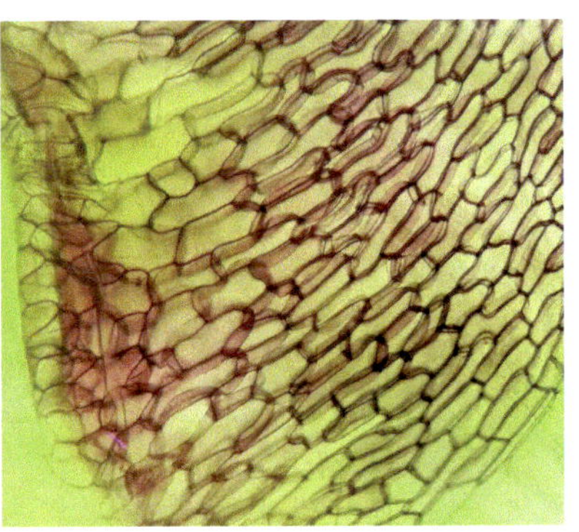

叶细胞

010 粗裂地钱风兜亚种 *Marchantia paleacea* subsp. *diptera* (Nees & Mont.) Inoue

植物体大，密集丛生，淡绿色至鲜绿色，边缘紫红色。叶状体连续二叉分枝，边全缘，有时波曲，边缘细胞方形或长方形，长轴与边平行。具气孔，气孔常由5-6个细胞环绕。中部腹鳞片附器锐尖，稀钝或圆钝。

生境： 多生于阴湿环境岩石或土壤上。

分布： 产于我国湖北、广东、台湾、四川、贵州、云南；日本和朝鲜亦有分布。

叶缘

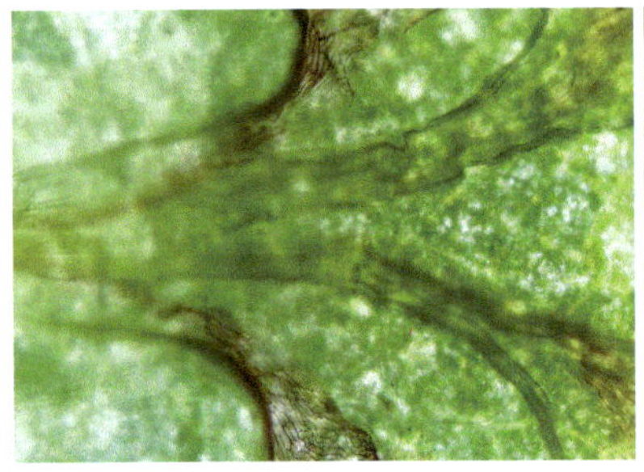

叶

生境照

5. 毛地钱科 Dumortieraceae

011 毛地钱 *Dumortiera hirsuta* (Sw.) Nees

植物叶状体扁平，深绿色，多二叉分枝。无气孔、气室。腹面淡绿色，具细长黄色平滑假根；背表皮绿色细胞不规则凸起，下表皮细胞壁厚。雌雄异株或同株。雄托生于叶状体先端背面，圆盘形，中央凹陷，边缘有毛，托柄短；雌托生于叶状体先端凹处，托柄细长，具两条假根槽，蒴托圆盘形，背面有毛，腹面有4-10个总苞。孢蒴球形。孢子黄褐色。

生境：多生于阴湿土壤或岩石表面上。

分布：产于我国中南部地区；东南亚、日本及欧洲和北美洲亦有分布。

生境照

生境照　　叶细胞

6. 光苔科 Cyathodiaceae

012 艳绿光苔 *Cyathodium smaragdium* Schiffn. ex Keissler

植物体鲜绿色、黄绿色，在暗处常有闪光，密集平卧丛生。叶状体不规则1-2次分枝，先端截平，裂片状，横切面仅背腹面两层细胞，气室由单层细胞隔离。气孔在叶状体背面，多细胞围绕。叶状体细胞无油体。假根生于叶状体腹面，无色或褐色两种。腹鳞片少，面小，由2-3个细胞构成，透明。

生境： 多生于阴暗的峡谷、崖下。

分布： 产于我国湖北、四川、贵州、云南；日本、印度及非洲中西部亦有分布。

叶缘　　　　生境照

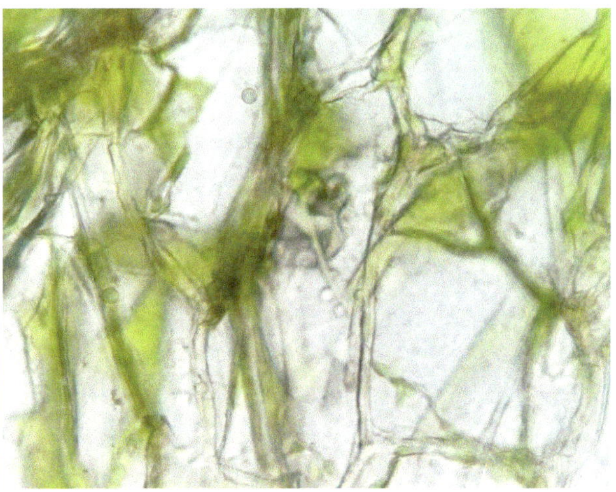

生境照　　　　叶细胞

7. 钱苔科 Ricciaceae

013 稀枝钱苔 *Riccia huebeneriana* Lindenb.

植物体绿色或黄绿色，平铺辐射生长，二歧分枝，枝端背面有沟，腹面有假根。叶状体老的部分海绵状。叶状体横切面半月形，背凹腹凸；同化组织单层绿色细胞相间隔；基本组织2-5层细胞。气孔小，周围4-5个细胞。腹鳞片2列，略带紫红色。雌雄同株。

生境： 多生长在海拔1000 m左右的湿土上。

分布： 我国湖北、澳门、云南及东北等地有分布；日本及欧洲亦有分布。

生境照

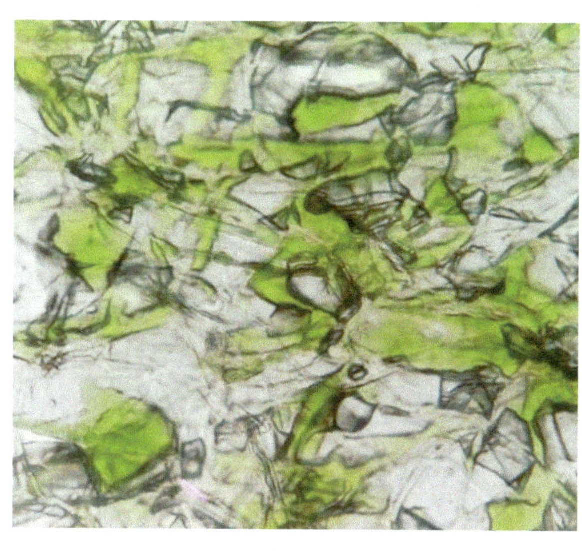

叶中部

全叶

014 叉钱苔 *Riccia fluitans* L.

植物体绿色或深绿色，扁平狭带状，密集沉水丛生，多次二歧分枝，常由一个长主枝分生出许多侧短枝，分枝处和枝端较宽，背面观网格状。叶状体横切面半月形，背面表皮细胞单层，同化组织为横切面厚的2/3，气室多角形，为单层绿色细胞相间隔；基本组织薄，由2-3层大型细胞构成，约占叶状体厚的1/3。气孔周围4-6个细胞。雌雄同株。

生境：多生长在海拔700-1400 m的泉边、水潭和缓流水体中。

分布：我国黑龙江、辽宁、湖北、福建、台湾、澳门、云南等地有分布；朝鲜、日本、俄罗斯（西伯利亚）及欧洲、北美洲亦有分布。

叶中部细胞

全叶

生境照

8. 带叶苔科 Pallaviciniaceae

015 带叶苔 *Pallavicinia lyellii* (Hook.) Gray

植物体大，宽带状，密集或稀疏丛生，绿色或深绿色。茎匍匐，少分枝或叉状分枝，中肋多明显分化。叶状体边缘具多细胞齿，有时齿不明显或缺。雌雄同株。颈卵器聚生于中肋背面，周围由碗状的假蒴萼包围；精子器2列，生于叶状体背面中肋两侧。孢蒴狭圆柱形。

生境： 多生于低海拔沟边土面上。

分布： 产于我国东北、华东、华中、华南和西南地区；俄罗斯、日本、喜马拉雅地区、东南亚、大洋洲、美洲和非洲亦有分布。

生境照

016 多形带叶苔 *Pallavicinia ambigua* (Mitt.) Steph.

植物体黄绿色、绿色或褐绿色，较粗壮。叶状体匍匐，有多数假根。分枝叶片状，舌形或狭舌形，或单一不分枝。基部有柄，叶边缘有微波纹和少数毛。中肋粗，在横切面上向背腹面凸出，中央有束小型厚壁细胞，周围为大型薄壁细胞。叶片细胞单层，长方形或六边形。腹鳞片小，在中肋两侧成对平行排列。雌雄异株。雌苞钟形，口部截齐形，流苏状。颈卵器多个，丛状生于雄苞膜中。

生境： 多生长在海拔400-1700 m的山谷溪边湿石上。

分布： 我国华中及西南地区有分布；印度和印度尼西亚亦有分布。

生境照

9. 溪苔科 Pelliaceae

017 花叶溪苔 *Pellia endiviifolia* (Dicks.) Dumort.

植物体淡绿色，叶状或狭带状，不规则叉状分枝，老时末端常有鹿角状分枝或花状分瓣，尖端心脏形，中央厚而深色，边缘较薄，平展或呈波曲状。腹面有多数褐色假根。

生境： 多生长在海拔500-2500 m潮湿的岩面或湿土上、沟谷中。

分布： 我国东北、西北、西南及华中地区均有分布；日本、印度、欧洲、北美洲亦有分布。

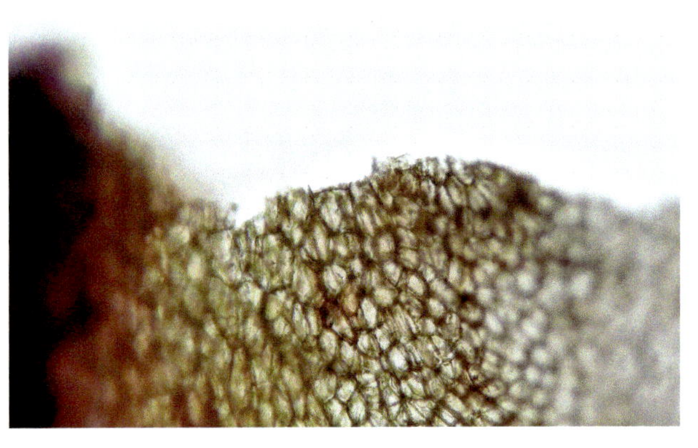

叶尖细胞

生境照

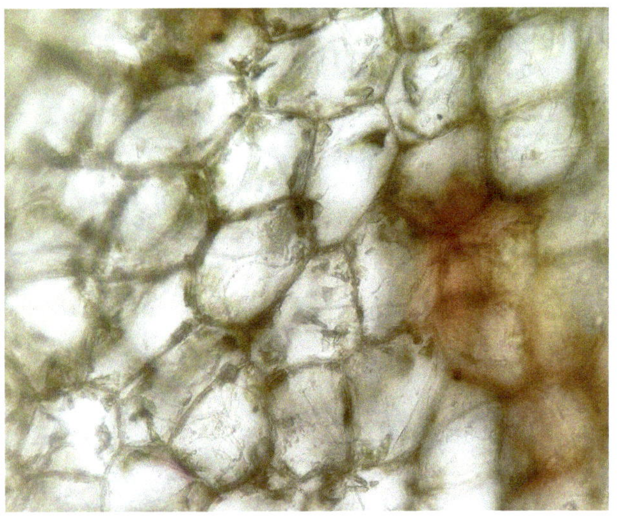

叶中部细胞

全叶

018 溪苔 *Pellia epiphylla* (L.) Corda

叶状体深绿色，叉状分枝，平铺蔓延丛生，边缘波状卷曲。叶状体末端心脏形，两侧背腹有棒状毛，边缘细胞长方形，规则排列，叶状体内部细胞垂直下延，下部有红色加厚边缘。每个细胞中有长椭圆形的油体25-35个。雌雄异株。雌株苞膜大，卵形或桶形，口部有齿。孢蒴球形，暗褐色或黑色，成熟时四瓣开裂。蒴柄细长，透明。孢子椭圆状卵形，由多细胞构成，表面有疣。弹丝2条螺纹加厚。

生境： 多生长在海拔700-1800 m的溪边，石生或湿土生。

分布： 我国黑龙江、湖北、西藏等省区有分布；日本、欧洲及北美洲亦有分布。

生境照

叶中部细胞

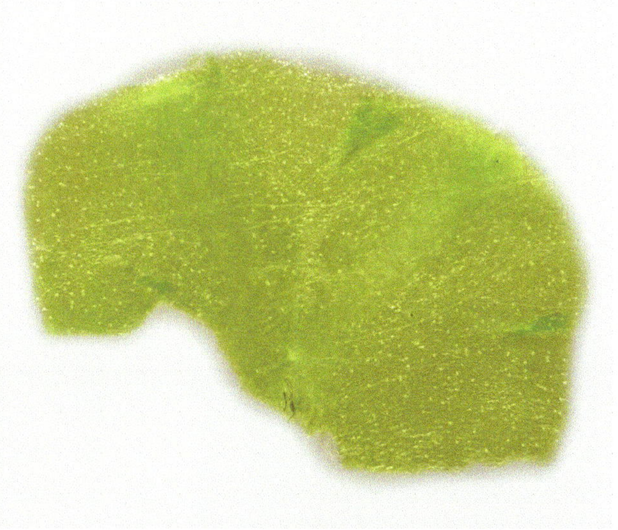

全叶

10. 叶苔科 Jungermanniaceae

019 东亚圆叶苔 *Jamesoniella nipponica* Hatt.

植物体较大，褐绿色，密丛生。茎匍匐，先端上仰倾立，常在雌苞基部分枝。假根生于叶基部，常无色透明。叶片覆瓦状着生，蔽后式，斜列，背基角稍下延，椭圆形；三角体明显，节状；角质层有疣。腹叶在茎上退化或由几个细胞构成，线形。雌雄异株。雌外苞叶大，边缘浅裂或有不规则的齿；内雌苞叶小，边缘有细裂片；腹苞叶小，三角形，2-3裂片，常与内苞叶基部相连。

生境： 多生于林边或路边泥土上。

分布： 产于我国甘肃、安徽、浙江、湖北、湖南、台湾、四川、贵州、云南；日本和印度尼西亚亦有分布。

生境照

全叶

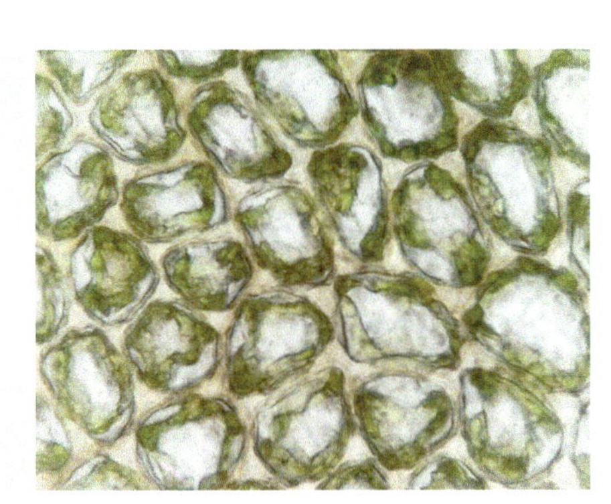

叶中部细胞

020 深绿叶苔 *Jungermannia atrovirens* Dumort.

植物体大小变化较大，黄绿色至暗绿色，片状丛生。茎匍匐至倾立，绿色或黄绿色，不分枝或叉状分枝，分枝发生于侧面、腹面或在雌苞基部。假根多，在茎腹面向地分散伸出，无色或浅褐色。叶片覆瓦状，斜列、背基角略下延，长椭圆形，先端圆钝，长大于宽。雌雄异株。雄株细小，雄穗顶生或间生，4至多对雄苞叶，每个苞叶中1-2个精子器。

生境： 多生于林下泥土或岩面薄土上。

分布： 产于我国黑龙江、吉林、辽宁、湖北、云南、西藏；日本、欧洲及北美洲亦有分布记录。

生境照

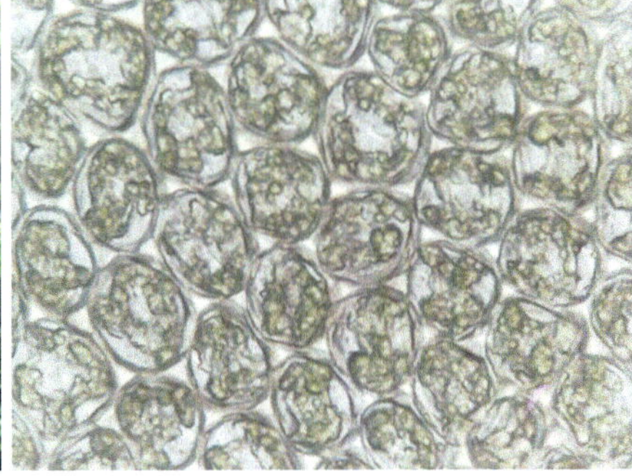

叶中部细胞

全叶

021 狭叶叶苔 *Jungermannia subulata* Evans

植物体绿色或黄绿色，有时带微红色，中小型，带叶宽1-2 mm。茎匍匐倾立，单一或分枝，在不育株的先端常呈鞭状，枝端和小叶边生红色无性芽孢。假根多，生于茎腹面，无色或淡褐色。叶片斜列茎上，背基角沿茎略下延，卵形或长椭圆形，或舌形，长大于宽，先端圆钝；叶边缘细胞壁薄，三角体明显，呈节状，角质层平滑；油体球形或长椭圆形，每个细胞有6-10个。

生境： 多生长在海拔800-1400 m的林下土壤或岩石表面上。

分布： 我国黑龙江、湖北、云南、西藏有分布；日本亦有分布。

生境照

全叶

叶中部细胞

022 透明叶苔 *Jungermannia hyalina* Lyell.

植物体中等大，淡黄绿色，略透明，小簇垫状。茎倾立，鲜嫩，或匍匐，单一。假根多数，无色或淡褐色。叶疏覆瓦状，基部宽着生，直立伸展，几乎不或稍下延，波状，卵形或半圆形，叶细胞三角体大；油体大，长椭圆形，每个细胞中3-6个。雌雄异株。雄穗顶生，苞叶5对，基部囊状。

生境： 多生于阔叶林或针阔叶混交林下湿土或湿石上。

分布： 产于我国辽宁、山东、浙江、湖北、福建、海南、四川、贵州、云南；北美洲亦有分布。

生境照

全叶

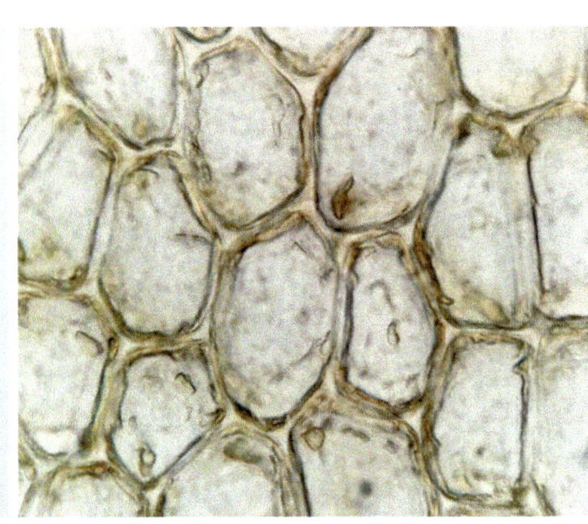

叶中部细胞

023 褐绿叶苔 *Jungermannia infusca* (Mitt.) Steph.

植物体中等大，绿色、黄绿色，有时褐色，丛生。茎单一匍匐，先端上升。假根多数，淡紫红色或无色，散生。叶覆瓦状，斜列着生，近横伸展，略下延，卵圆形，先端圆钝形或截形，边缘有时内卷，叶细胞壁薄，三角体大，膨胀节形，表面平滑；油体4-6个，几乎充满整个细胞腔，圆形、卵形或椭圆形，由多数油滴聚成。雌雄异株。雄穗顶生，苞叶5-8对，基部囊状。

生境： 多生于山区林下土壤或湿土上。

分布： 产于我国吉林、安徽、浙江、湖北、贵州、云南；日本亦有分布。

生境照

全叶

叶中部细胞

024 倒卵叶叶苔 *Jungermannia obovata* Nees

中生苔类，有强烈苔藓气味，疏松丛生或小垫状，深绿色或带褐色，有时暗紫褐色，在强光下则呈黑绿色。植物体匍匐或先端倾立或直立，有时具分枝，分枝发生于侧面叶腋。假根多，多少均带彩色，常集中发生于叶片基部。茎常弯曲，背表面细胞长方形，横切面的皮部细胞壁略厚，较小，中部细胞大、壁薄。叶片2列；侧叶斜生于茎上，背侧基角向后延伸，覆瓦状疏生，长等于宽，基部狭，中部宽，先端圆钝，略内凹背凸，叶边全缘，近茎端叶变大；叶细胞大，壁薄，角部一般均加厚。雌雄同株异苞。

生境： 多生于阔叶林下湿土上。

分布： 产于我国吉林、辽宁、安徽、湖北、云南、西藏；欧洲和北美洲亦有分布。

生境照

全叶

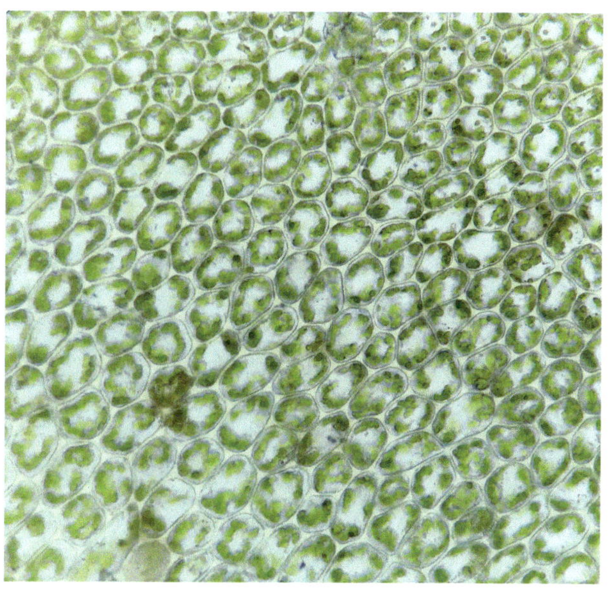

叶中部细胞

025 春苞叶苔 *Jungermannia torticalyx* Steph.

植物体大，绿色簇状丛生。茎直立，先端上升，不分枝或在雌苞下分枝。假根发生在叶片基部，沿茎下延成束状，淡紫红色。叶疏覆瓦状，近横生于茎上，背侧基部稍下延，圆形或肾形，宽大于长，先端圆钝，边稍背仰，叶细胞壁薄，三角体小，锐角形，油体长椭圆形，由多数小油滴聚合而成，每个细胞中2-5个。雌雄异株。雄苞穗顶生，雄苞叶与侧叶相似，略小。

生境：多生于林下溪边湿土和湿石上。

分布：产于我国辽宁、湖北、福建、云南；日本亦有分布。

生境照

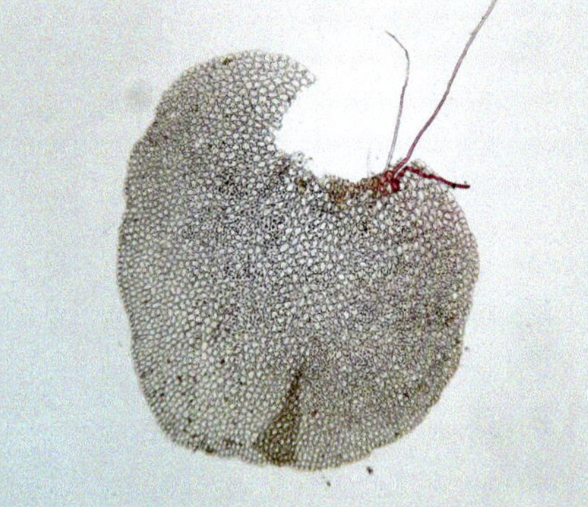

全叶

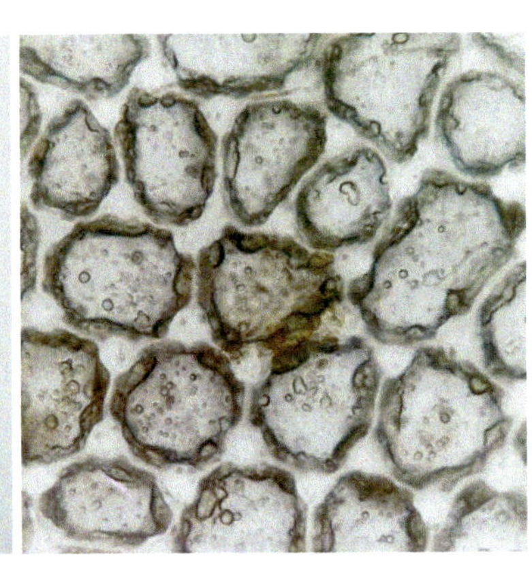

叶中部细胞

026 南亚被蒴苔 *Nardia assamica* (Mitt.) Amak.

植物体较小，平铺丛生，绿色至褐绿色。茎匍匐，先端上升，叶常不分枝。假根疏生，无色。叶片覆瓦状蔽后式，斜列茎上，湿时直立四散，心脏形或肾形至卵圆形；先端圆钝，略反曲；叶细胞沿边缘较小，中部略大，基部较大，近于六边等轴形，壁薄，三角体缺或不明显，细胞壁平滑或具细疣；油体小，常于叶片下部细胞明显。腹叶较大，阔三角形，倾立，先端钝，生于侧叶基部。雌雄异株。

生境：多生于平原或亚高山地区，土生或石生。

分布：产于我国辽宁、江苏、安徽、浙江、湖北、江西、福建、四川、贵州、云南；喜马拉雅地区亦有分布。

生境照

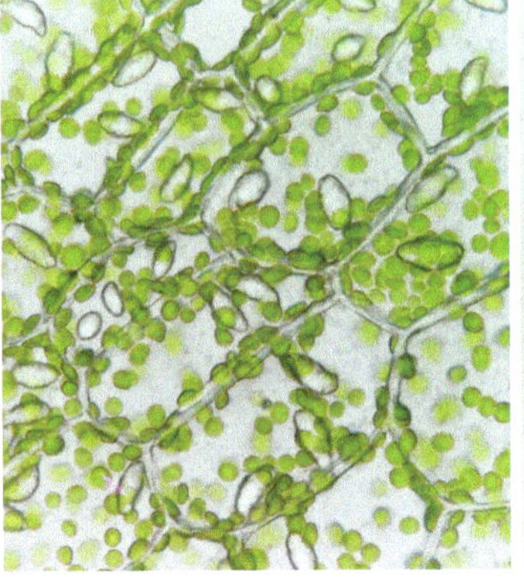

叶中部细胞

全叶

11. 护蒴苔科 Calypogeiaceae

027 疏叶假护蒴苔 *Metacalypogeia alternifolia* (Nees) Grolle

植物体小，黄褐色或深褐色，匍匐丛生。茎单一不分枝，横切面皮部1-2层细胞与中部细胞同形，壁略增厚。假根束多生于腹叶基部。侧叶疏生或相接覆瓦状排列，蔽前式，强烈内凹，长卵形至卵三角形，全缘，先端圆钝或尖，有时微凹2裂。角质层表面粗糙具细疣。腹叶大，相接或离生，肾形，先端圆钝或微凹，全缘。

生境：多生于高山或亚高山地区石壁或林下腐木及树干基部。

分布：产于我国湖北、台湾、四川、云南、西藏；日本亦有分布记录。

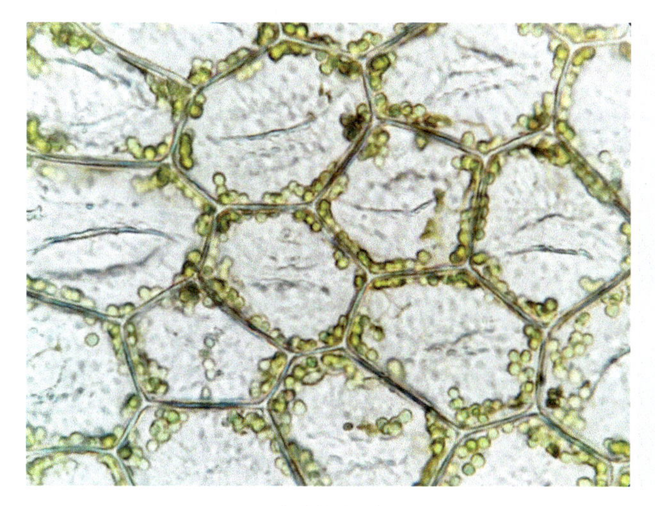

叶中部细胞

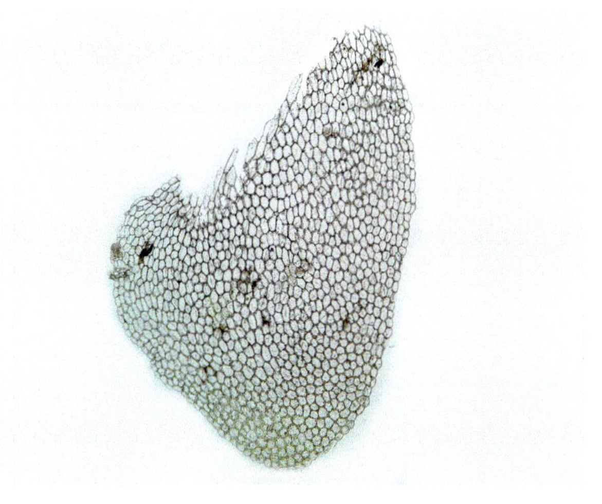

全叶

生境照

028 刺叶护蒴苔 *Calypogeia arguta* Nees & Mont. ex Nees

植物体细小，白绿色，薄而透明。茎匍匐，具稀疏分枝，有时具鞭状枝。假根多而长，生在腹叶基部。腹叶特别小，深4裂瓣；侧叶多数离生，先端2裂分叉，常呈新月形，齿尖而长；叶细胞表面具明显细疣，中部细胞呈长四边形或多边形。叶片细胞大，壁薄，长多边形，表面粗糙具明显细疣。油体每个细胞2-5个，圆形或椭圆形。

生境： 多生于土面或阴暗田埂上。

分布： 产于我国辽宁、山东、江苏、浙江、湖北、湖南、福建、广东、海南、广西、贵州、云南；日本、欧洲和北美洲亦有分布记录。

生境照　　叶中部细胞

叶尖细胞　　全叶

029 钝叶护蒴苔 *Calypogeia neesiana* (Mass. & Carest.) K. Müll. ex Loesk.

植物体白绿色，平铺丛生。茎匍匐，具稀疏分枝。侧叶蔽前式密集覆瓦状排列，阔卵形，长与宽近于相等，先端圆钝。腹叶大，圆肾形，宽为茎粗的2-3倍，全缘或先端微缺内凹。叶片细胞平滑，叶缘1列细胞长方形，壁薄。油体每个细胞6-8个，圆形或椭圆形。

生境：多见于亚高山针叶林下腐殖土或腐倒木上。

分布：产于我国吉林、辽宁、浙江、湖北、四川；日本、欧洲及北美洲亦有分布记录。

生境照

全叶

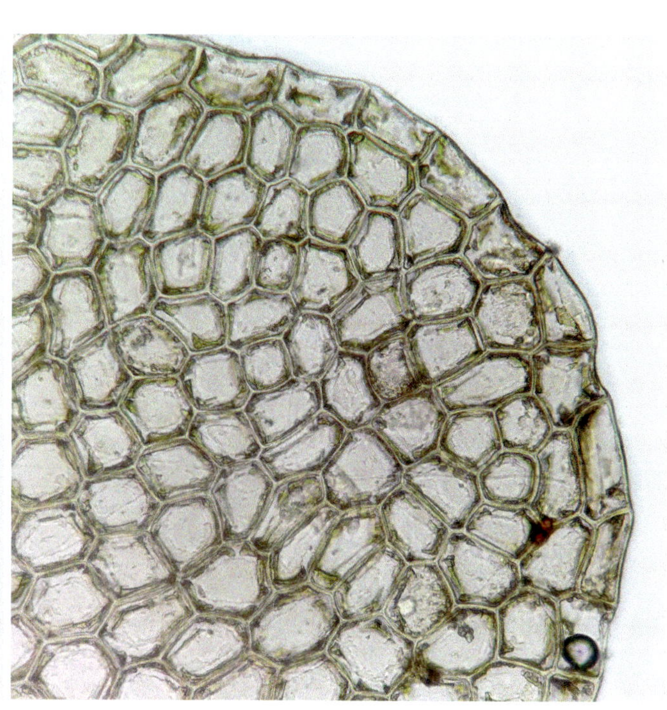

叶缘细胞

030 沼生护蒴苔 *Calypogeia sphagnicola* (Arnell & Perss.) Wharnst & Loeske

植物体淡绿色或黄绿色，平铺丛生。茎匍匐，带叶宽约1.8 mm，单一或具从腹侧斜生长出的分枝，有时有无性芽条。侧叶蔽前式覆瓦状排列，阔卵形，基部下延，先端渐尖，圆钝。腹叶较小，比茎略宽，先端2裂达叶长的1/2以上，裂瓣渐尖，基部明显下延。

生境：多生于高位沼泽，与泥炭藓混生，也见于高山土地上。

分布：产于我国吉林、湖北、湖南、广西、四川、贵州、云南；日本、欧洲及北美洲亦有分布记录。

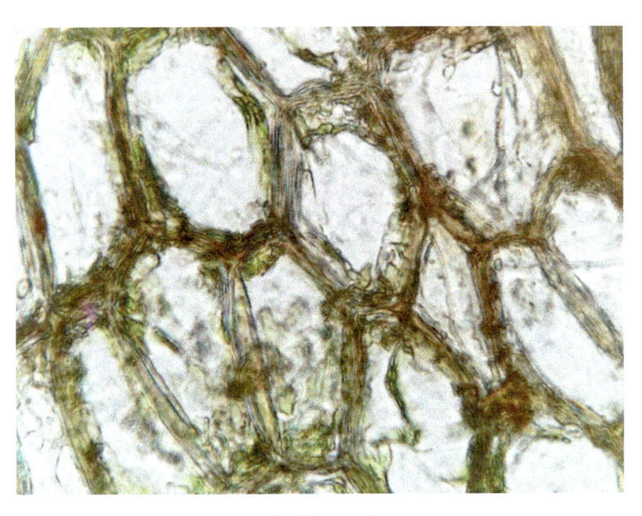

叶中部细胞

生境照

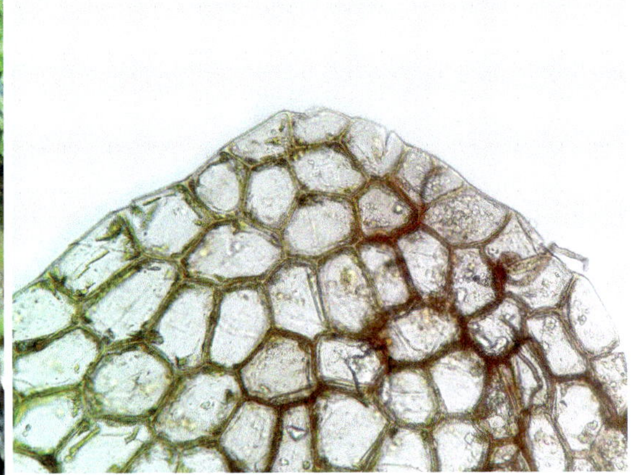

叶尖细胞

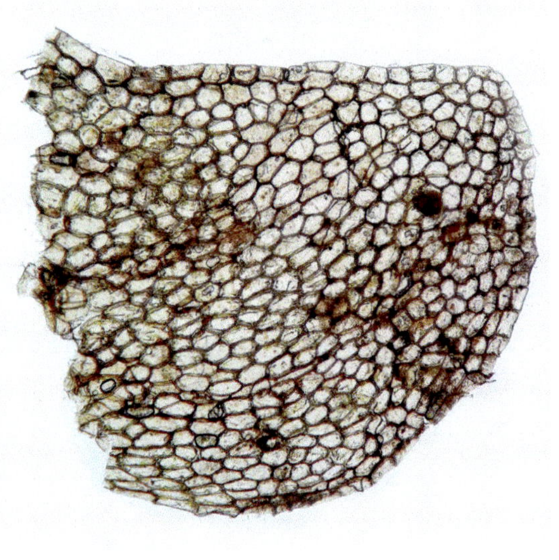

全叶

12. 大萼苔科 Cephaloziaceae

031 毛口大萼苔 *Cephalozia lacinulata* (J. B. Jack) Spruce

植物体甚小，黄绿色，平铺丛生。茎匍匐，具分枝，横切面的直径5-6个细胞，上面平，下面凸出。叶片分离斜生于茎枝上，2裂达1/2-2/3；裂瓣披针形直立或略向内弯曲，尖部1-2个细胞。雌雄异株。雌苞生于茎腹面短枝，雌苞叶基部相连接，上部2-4裂，渐尖，有粗齿。本种变异型较大，细胞和叶形常随环境不同，变化较大。

生境： 多生于山区林下腐木上。

分布： 产于我国黑龙江、吉林、辽宁、湖北、广西、四川、云南；俄罗斯、欧洲、北美洲亦有分布记录。

生境照

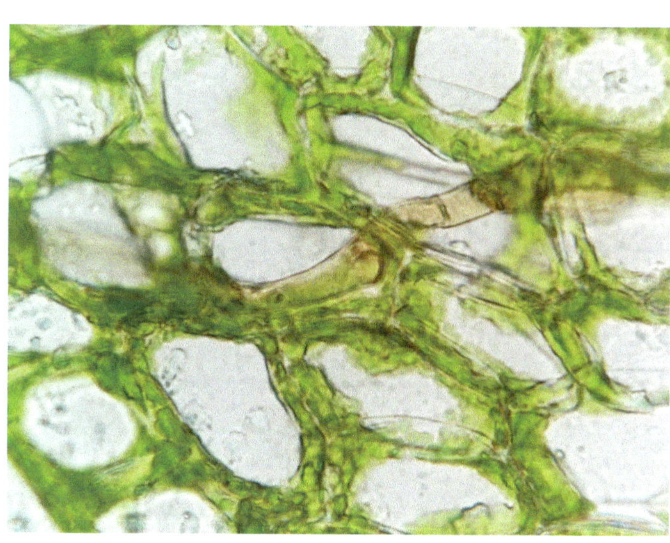

叶中部细胞

全叶

032 短瓣大萼苔 *Cephalozia macounii* (Austin) Austin

植物体较小。白色叶片2裂较深，达叶片2/3，基部多为2-3层细胞厚。油体也较少，仅2-4个。本种因生境不同也有变化。植物体略大，蒴萼口部的细胞常呈指状排列，无齿；腐木生类型植物体较小，叶细胞也小，蒴萼口部齿长。

生境： 多生于林下腐木或沼泽地塔头上。

分布： 产于我国黑龙江、吉林、辽宁、湖北、湖南、福建、广西、四川、贵州、云南、西藏；俄罗斯、欧洲、北美洲亦有分布记录。

生境照

叶基细胞

叶中部细胞

全叶

033 细瓣大萼苔 *Cephalozia pleniceps* (Austin) Lindb.

植物体密集丛生，绿色或黄绿色。茎具多数腹生枝，茎横切面近似圆形。叶片3列；侧叶宽卵形或圆形，背基角下延，斜列着生，2裂深达1/4-1/2，裂瓣直立，渐尖，细胞壁薄；腹叶有时在新枝上存在。油体无。雌雄同株。雌苞生于腹侧短枝上；苞叶3-4裂，裂瓣有细齿或全缘；蒴萼先端钝，有3条纵长褶，口部有不整齐裂瓣和齿突。芽孢椭圆形，绿色。

生境： 多生于山区林下湿石上、腐木上或湿土上。

分布： 产于我国黑龙江、吉林、河北、湖北、四川；俄罗斯、欧洲、北美洲亦有分布记录。

生境照

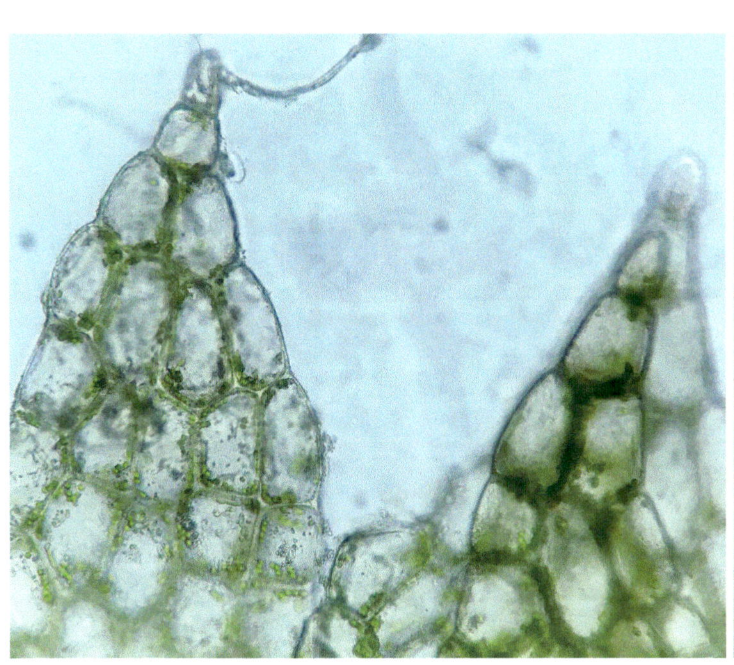

叶尖细胞

全叶

034 拳叶苔 *Nowellia curvifolia* (Dicks.) Mitt.

植物体纤细，黄绿色或紫红色，略具光泽，平铺交织丛生。茎匍匐，不规则稀疏分枝。假根少，无色。叶2列，覆瓦状蔽前式排列，仅苞叶具腹叶；叶片近于卵圆形，强烈内卷，上部2裂，裂瓣三角形具毛状尖，腹瓣基部强烈内卷成囊状，叶边全缘；叶细胞等轴形、方形或多边形，壁厚，平滑，基部细胞长方形。油体小，数多，卵状粒形。雌雄异株。芽孢球形，单细胞，黄绿色。

生境： 多生于山区林下的腐木或岩面薄土上。

分布： 产于我国黑龙江、吉林、安徽、湖北、湖南、福建、广西、四川、贵州、云南、西藏；北半球广布种。

生境照

生境照

全叶

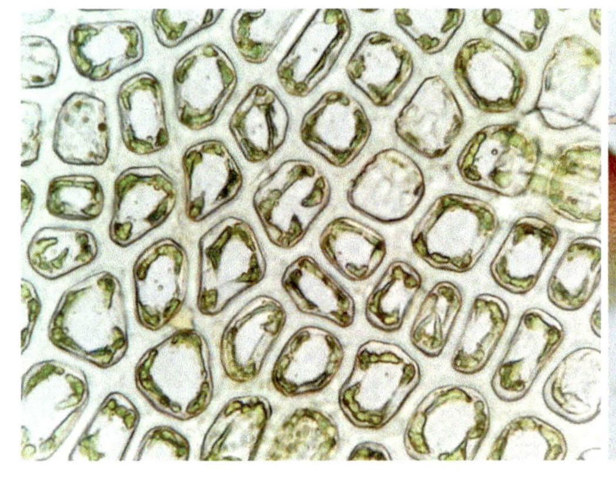

叶中部细胞

植株个体

035 筒萼苔 *Cylindrocolea recurvifolia* (Steph.) Inoue

植物体细小，淡绿色或紫红绿色，平铺交织丛生。茎匍匐，先端倾立，少分枝。叶3列，腹叶常退失，或仅生于苞叶中；侧叶斜列着生，蔽前式密集排列，圆形或先端微凹，叶缘波状；叶细胞壁薄，等轴形，中部细胞无三角体，表面平滑。油体少，每个细胞2-3个，椭圆形，内含粒状。雌雄异株。雌苞生于茎先端。雌苞叶和腹苞叶先端2裂。

生境：多生于低洼地湿土上或岩面薄土上。

分布：产于我国浙江、湖北、云南；日本亦有分布。

生境照　　叶中部细胞　　全叶

036 塔叶苔 *Schiffneria hyalina* Steph.

植物体扁平片带状，交织匍匐丛生，淡绿色，有弱光泽。茎分枝发出于茎腹面。假根无色，散生于腹面。叶片2列，覆瓦状蔽后式排列，半圆形，先端圆钝或平截形，基部上下叶相连；叶边全缘，平展，有时有波纹；叶细胞方形、长方形或多边形，壁薄，透明，平滑。无腹叶。雌雄异株。雌雄苞均生于茎腹面的雌雄短枝上。雌苞叶大，2裂，边缘有齿；雄苞叶2-5对，2裂浅。

生境：多生于温带和热带地区林下腐木上。

分布：产于我国湖北、四川、云南、西藏；日本和泰国亦有分布。

叶中部细胞　　全叶　　生境照

13. 绒苔科 Trichocoleaceae

037 绒苔 *Trichocolea tomentella* (Ehrh.) Dumort.

植物体膨松绒毛状，交织丛生，黄绿色或白绿色，略具光泽。茎匍匐，不规则多回羽状分枝或二至三回规则羽状分枝，具鳞毛。侧叶4裂近达基部，基部到裂口2-4个细胞高，裂瓣边缘具单列细胞组成的多数纤毛；腹叶与侧叶同形，略小。叶细胞长方形，壁薄，透明，常有粗疣条纹。雌雄异株。茎鞘粗大长圆筒形，外密被鳞片。绒苔是一个分布广泛、植物体变化较大的种。

生境： 多生于高山溪沟边潮湿岩面或湿土上，有时见于阴湿处腐倒木上。

分布： 产于我国陕西、浙江、湖北、江西、湖南、福建、海南、四川、贵州、云南、西藏；广泛分布于北半球温带地区、太平洋诸岛屿及澳大利亚。

生境照

全叶

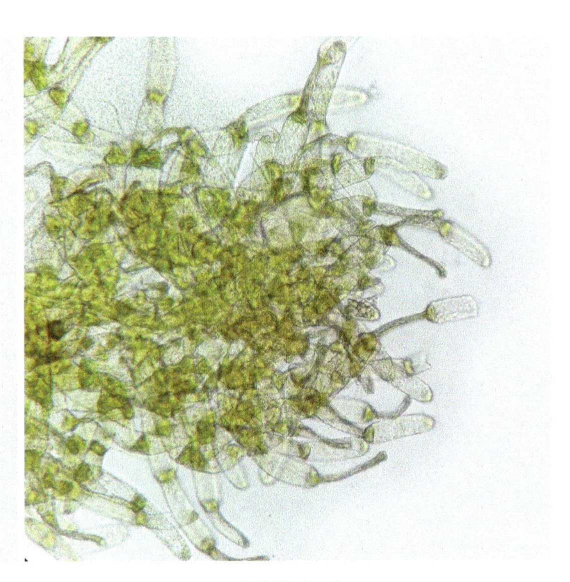

叶中部细胞

14. 指叶苔科 Lepidoziaceae

038 日本鞭苔 *Bazzania japonica* (Sande Lac.) Lindb.

植物体中等大，油绿色，片状丛生。茎匍匐，红褐色，先端倾立，叉状分枝，枝先端有时腹向曲，腹面具鞭状枝，横切面呈椭圆形，皮部2-3层小型厚壁细胞。叶片密覆瓦状排列，与茎呈直角伸出，斜生茎上，略镰刀形弯曲，长圆形，背边呈弧形，先端截形，具3锐齿，齿间多钝角；腹叶细胞与茎叶相似。油体小，每个细胞4-10个，卵圆形或椭圆形。

生境： 多生于林下或路边岩面薄土上，有时生于树干基部。

分布： 产于我国安徽、浙江、湖北、湖南、福建、广东、海南、广西、贵州、云南；日本、越南、泰国及印度尼西亚亦有分布记录。

生境照

叶中部细胞

全叶

039 三裂鞭苔 *Bazzania tridens* (Reinw., Blume & Nees) Trev.

植物体中等大，带叶黄绿色至褐绿色，匍匐，蔓延成群落。茎不规则叉状分枝，具腹面分生的鞭状枝。叶片覆瓦状排列，蔽前式前后相接，向两侧近似成直角伸出或略上斜，干时略向腹面弯曲，卵形或长椭圆形，稍呈镰刀形弯曲，先端具3个三角形锐齿，弯缺，呈钝角形；腹叶贴茎着生，近似方形，全缘平滑，或先端常具几个三角形钝齿，除基部有几列暗色细胞外，均为透明细胞，壁薄无三角体，壁厚有小三角体。

生境：多生于林下或路边湿石或泥土上，常与其他苔藓形成群落。

分布：产于我国吉林、江苏、湖北、江西、湖南、福建、广西、四川、贵州、云南、西藏；本种广布于南亚和东亚温带和热带地区。

生境照

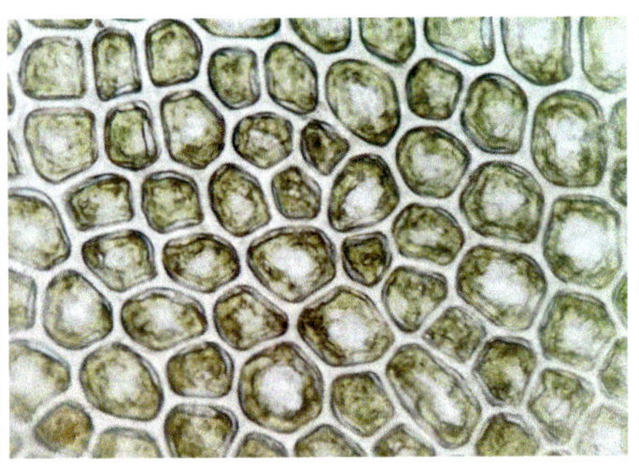

叶中部细胞

全叶

040 卷叶鞭苔 *Bazzania yoshinagana* (Steph.) Steph.

植物体大型，黄绿色或暗色，片状丛生。茎匍匐，先端上升，茎横切椭圆形，皮部2-3层细胞稍小，壁厚，叉状分枝，鞭状枝少，假根多生于鞭状枝上。叶片密覆瓦状排列，稍向上斜伸或水平伸出，长椭圆形，背边基部弧形，腹边直，先端截形，具不规则3枚齿，齿间钝角；叶细胞壁厚，三角体大，角质层平滑。腹叶背仰着生，基部收缩，边缘反卷，宽略大于长，先端圆钝，有不规则粗齿，两侧边平滑或有不规则齿；腹叶中部细胞比叶细胞小，不透明，壁厚。

生境：多生于林下岩面薄土上。

分布：产于我国湖北、西藏；日本亦有分布。

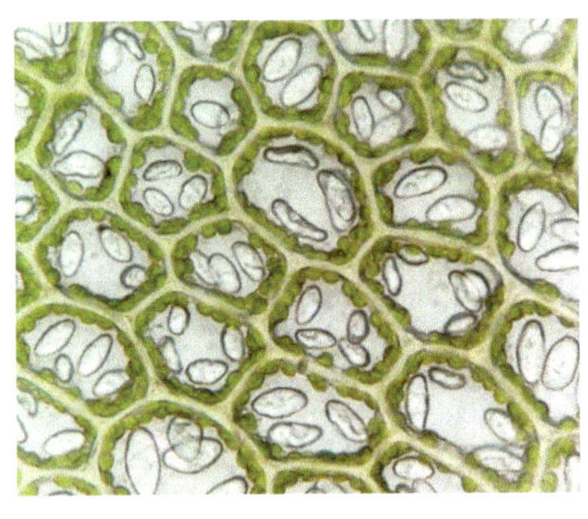

叶中部细胞

全叶

生境照

041 刺毛细指苔 *Kurzia pauciflora* (Dicks.) Grolle

植物体细小，柔弱，亮绿色，或老时带褐绿色。茎匍匐，附着于其他苔藓上，横切面近似圆形，内部细胞壁薄；叉状分枝，不规则羽状，常无腹面鞭状枝。叶片横生，中上部内曲，裂瓣基部2-3（4）个细胞宽，有时裂瓣有1-2个细胞细齿，先端1-2个单列细胞，基部盘状；细胞长方或长不规则形，壁薄，角质层平滑。腹叶与茎叶相似，3-4裂，有时边缘有单细胞细齿。雌雄异株。

生境： 多生于山区林下或泥炭沼泽地，多附着于其他藓类体表面，特别在泥炭表面或泥炭藓上较多。

分布： 产于我国湖北、福建、台湾；欧洲、北美洲亦有分布。

叶尖细胞

全叶

生境照

042 东亚指叶苔 *Lepidozia fauriana* Steph.

植物体细长，绿色或黄绿色，疏丛生。茎匍匐或倾立，横切面椭圆形，中部细胞大，不规则羽状分枝；枝渐细长鞭状。缺假根。叶片贴茎或倾立，方形，先端4裂达1/2；裂瓣狭三角形，内曲，基部宽2个细胞，基部盘状，背边比腹边长，细胞壁中等厚，无三角体，角质层平滑。枝叶平展，倾立伸出。腹叶小，方形或扁方形。

生境： 多生于林下岩面薄土或沙石质土上，有时生于腐木上。

分布： 产于我国湖北、湖南、福建、广东、海南、广西、云南、西藏；日本亦有分布。

生境照

全叶

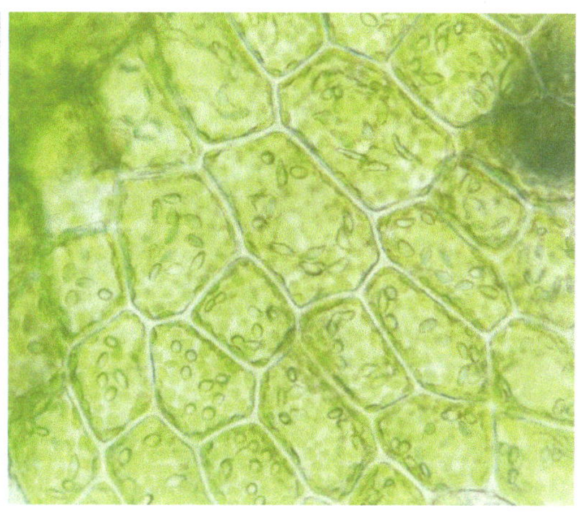

叶中部细胞

15. 羽苔科 Plagiochilaceae

043 羽枝羽苔 *Plagiochila fruticosa* Mitt.

植物体大，倾立，硬挺，淡褐绿色。茎树状分枝，具鞭状枝。叶离生或贴生，长椭圆形或长方形，先端圆钝，具3-5个长刺齿；前缘平直，基部强烈下延；后缘平直或稍弧曲形，近先端具稀疏不规则齿，基部轻微下延。腹叶缺。

生境： 多生于海拔380-2200 m的树干或石上。

分布： 产于我国华东、华中、华南和西南地区；日本、喜马拉雅地区和东南亚亦有分布。

生境照

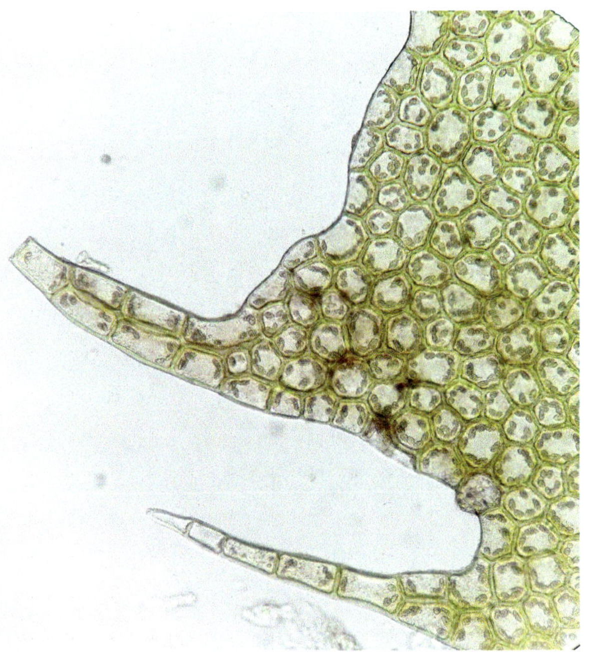

叶尖细胞

叶中部细胞

全叶

044 美姿羽苔 *Plagiochila pulcherrima* Horik.

植物体中等大小，树状分枝，硬挺，黄绿色至淡褐色。鞭状枝生于主茎基部，假根棕色；皮部细胞壁明显加厚，茎背面及腹面均布满鳞毛。叶疏生，背缘内卷，基部下延，腹缘稍弧曲形。叶先端细胞壁薄，三角体明显膨胀；角质层平滑。腹叶常退失。雄穗具6对苞叶，有疏齿，每个雄苞叶具2个精子器。雌苞顶生，雌苞叶与枝叶同形，顶端具粗齿；蒴萼钟形，口部具锐齿。

生境：多生于海拔100-2300 m的湿土、树基、树干、枯枝及石面上。

分布：产于我国浙江、湖北、江西、湖南、福建、台湾、广东、海南、广西、四川、贵州、云南；日本、泰国、菲律宾及越南亦有分布记录。

生境照

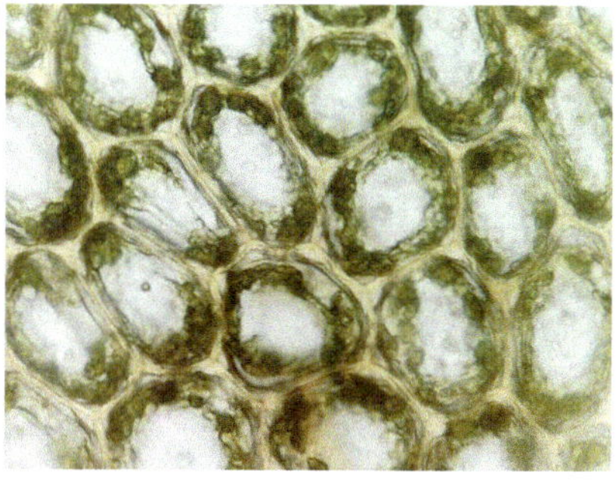

叶中部细胞

全叶

045 圆头羽苔 *Plagiochila parvifolia* Lindenb.

植物体中等大小。由横茎向上倾立或向下曲，二叉分枝，深绿色，交织成片。全叶具齿，叶片常落，近叶顶端部分几乎全落，覆瓦状排列，三角状长椭圆形；背缘强烈内卷，基部甚下延，覆盖茎背面，腹缘基部稍下延，基部明显扩大成翼状，叶先端平截，顶端及背缘1/3部分具短齿；角质层平滑。腹叶大小不一，叶边具纤细齿。雄苞未见；雌苞顶生，雌苞叶较茎叶稍大。

生境：多生于海拔200-1800 m的林下石面、枯枝或树干上。

分布：产于我国安徽、浙江、湖北、湖南、福建、台湾、香港、四川、云南、西藏；日本、韩国、缅甸、泰国、越南、斯里兰卡、菲律宾及印度尼西亚（爪哇）亦有分布记录。

生境照

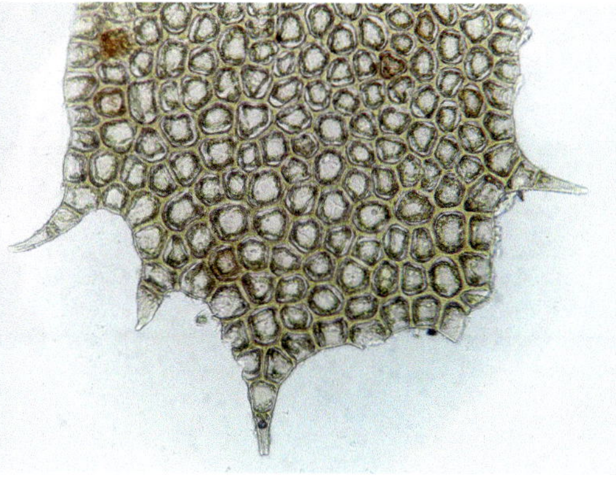

叶尖细胞

全叶

046 树形羽苔 *Plagiochila arbuscula* (Brid. ex Lehm. & Lindenb.) Lindenb.

植物体大，由横茎向上倾立或下垂，交织成片，褐绿色至深褐色。茎常二叉分枝，呈扇形。侧叶覆瓦状排列，长卵形，叶先端具不规则长刺齿，近基部最宽；背缘近平直，全缘，基部强下延；腹缘弧曲，边缘具不规则长刺齿，基部轻微膨大，几乎不下延。腹叶退化。

生境： 多生于海拔100-1500 m的树干、树枝、石上和土坡上。

分布： 产于我国华东、华中、华南和西南地区；日本、东南亚和大洋洲亦有分布。

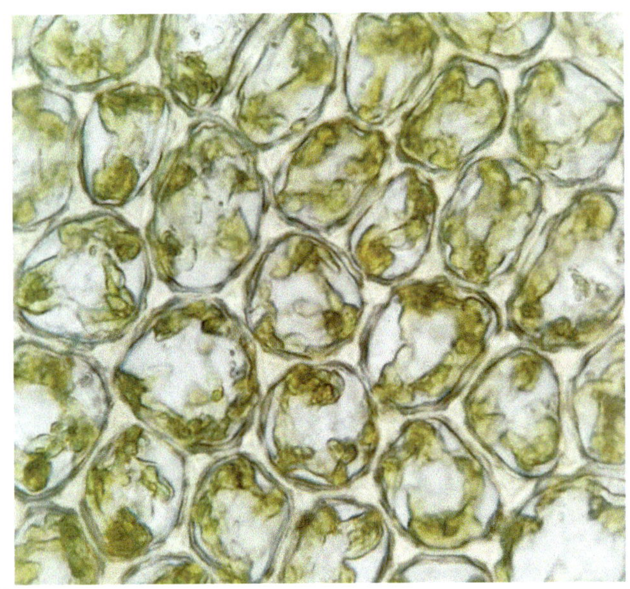

叶中部细胞

全叶

生境照

047 长叶羽苔 *Plagiochila flexuosa* Mitt.

植物体中等大小，坚挺，深褐色，略具光泽。茎分枝少，间生型；无假根。叶片近于疏生，平展，长卵形至披针形，背缘略弯曲，基部稍下延，全缘，尖端具锐齿，腹缘弧曲形，基部不下延。叶细胞壁稍厚，褐色，三角体大，疣状；角质层平滑。腹叶退失。

生境：生于海拔400-2300 m的湿石面、树干或枯木上。

分布：产于我国安徽、浙江、湖北、福建、台湾、广东、海南、广西、四川、云南；日本、不丹、印度、尼泊尔、越南、泰国及斯里兰卡亦有分布记录。

生境照

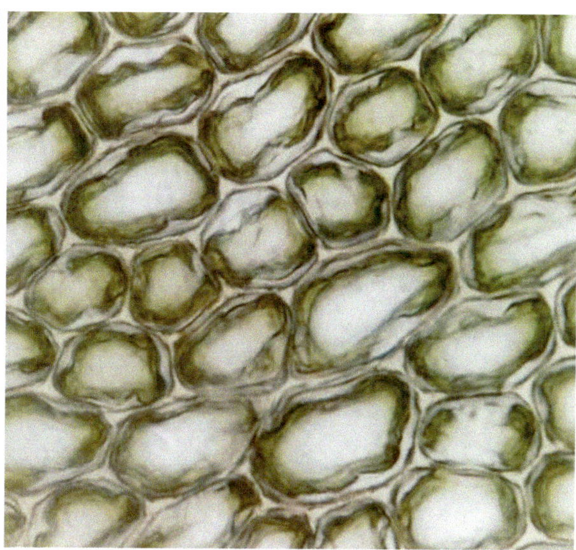

叶中部细胞

全叶

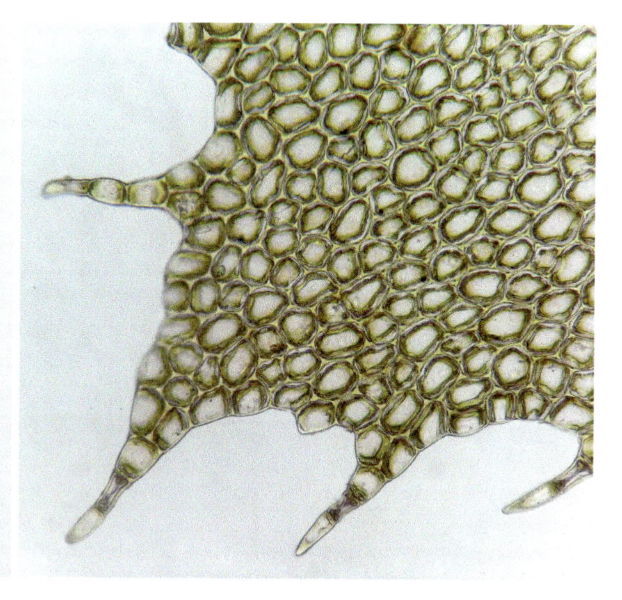

叶尖细胞

048 刺叶羽苔 *Plagiochila sciophila* Nees ex Lindenb.

植物体中等大小，淡褐绿色，柔弱。由横茎向上倾立，稀疏交织成片，有时有分枝。茎皮部细胞2-4层，壁稍厚，中部细胞壁薄。假根少。叶片呈覆瓦状或疏生，长椭圆形；背脊近叶尖有长齿，叶先端具2枚长齿，基部稍下延，腹缘不扩大，稍弧曲形，全叶具6-10个齿，成单列。

生境： 多生于海拔200-2000 m的石面、树干、树基、枯木或叶上。

分布： 产于我国江苏、浙江、湖北、江西、湖南、福建、台湾、广东、海南、香港、广西、四川、贵州、云南、西藏；日本、韩国、菲律宾、越南、泰国、不丹、尼泊尔、印度、巴基斯坦及美拉尼西亚亦有分布记录。

全叶

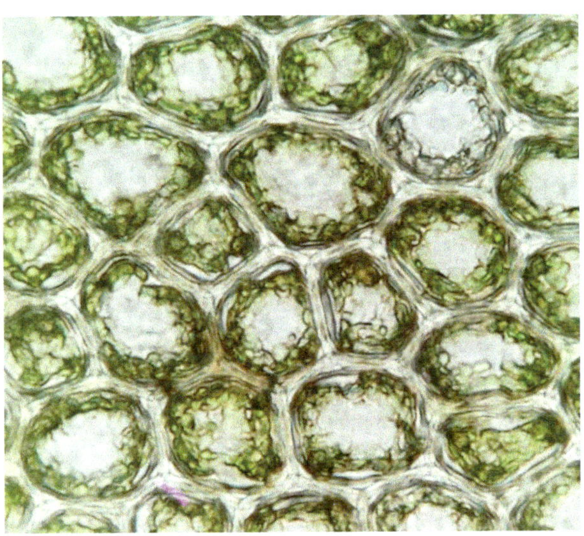

叶中部细胞

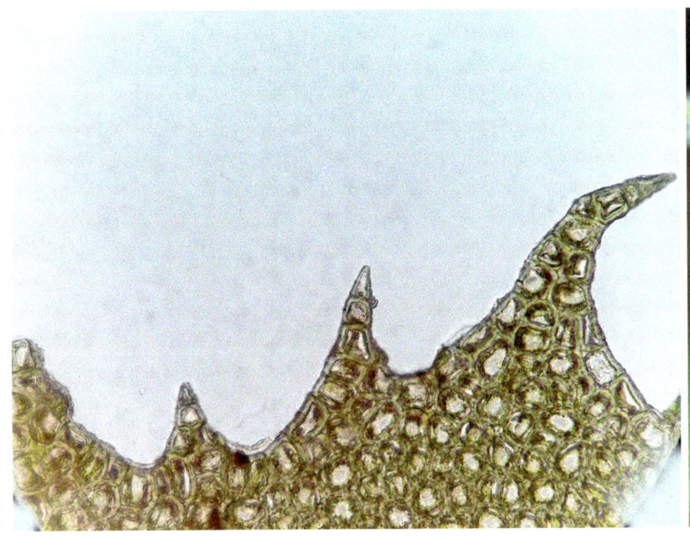

叶尖细胞

生境照

049 圆叶羽苔 *Plagiochila duthiana* Steph.

植物体细小或中等大小，黄绿色或淡褐色。茎分枝少，间生型，稀疏交织成片；茎皮部细胞2层，壁厚，中部细胞6层，壁薄；假根稀疏。叶片毗邻，斜生，宽圆形，长与宽相等，背缘基部下延，内卷，腹缘基部稍下延及稍扩大，全叶具7-9细齿或全缘。基部细胞壁薄，三角体大；角质层平滑。腹叶退失。孢子体未见。

生境：多生于海拔1000-5000 m的石面、树基或树根上。

分布：产于我国黑龙江、吉林、陕西、湖北、四川、云南、西藏；日本、印度、巴基斯坦、不丹及尼泊尔亦有分布。

生境照

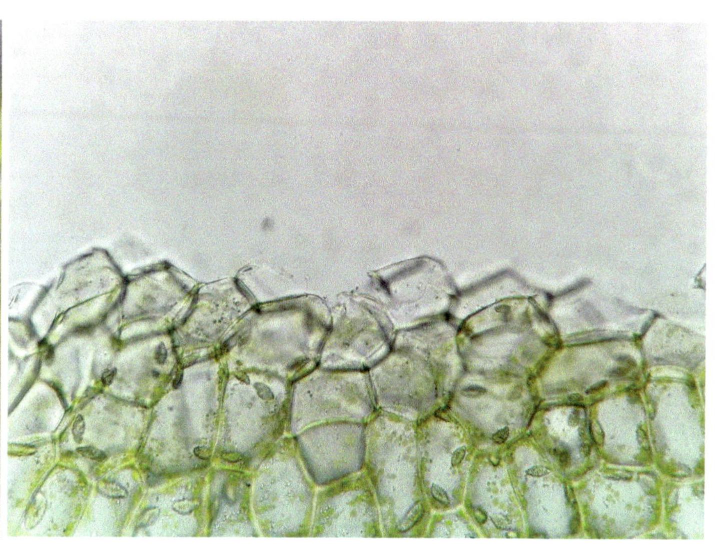

叶基细胞

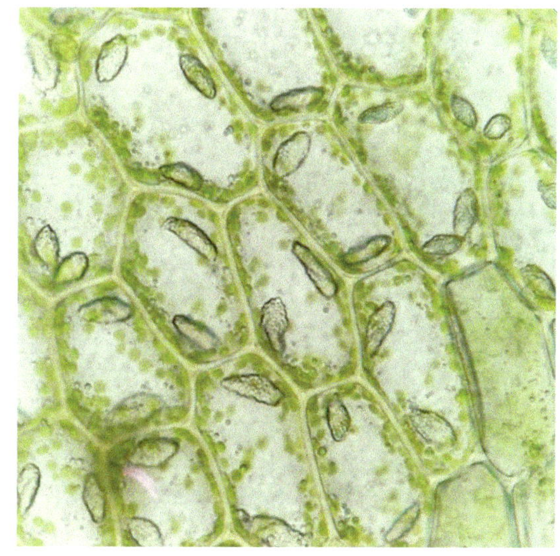

叶中部细胞

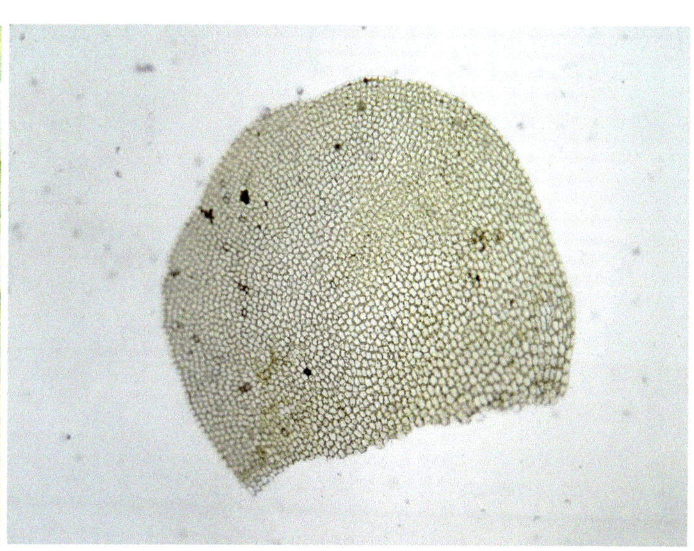

全叶

050 中华羽苔 *Plagiochila chinensis* Steph.

植物体中等大小，坚挺，浅绿色，与其他苔藓混生。茎分枝间生型；茎壁薄；假根少。叶片毗邻或疏生，稍覆瓦状，平展或斜伸，长卵形；背缘稍弯曲，基部下延，近叶顶端具锐齿，腹缘弧曲，基部不下延，边缘具锐齿，叶顶端渐尖，齿较长，单列；角质层平滑。腹叶退化。雄苞顶生，叶边缘稍外卷，每个雄苞叶具2个精子器。

生境：多生于海拔1000-4000 m的林地石面或树干上。

分布：产于我国河北、陕西、浙江、湖北、江西、湖南、台湾、四川、贵州、云南、西藏；越南、泰国、不丹、尼泊尔、印度及巴基斯坦亦有分布记录。

生境照

叶中部细胞

全叶

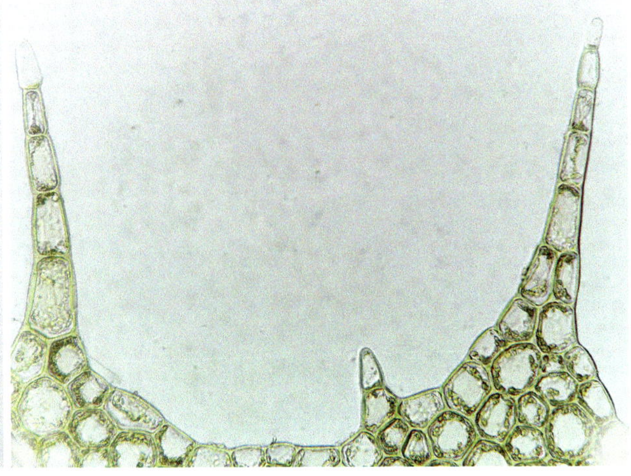

叶尖细胞

051 大叶羽苔 *Plagiochila elegans* Mitt.

植物体巨型（羽苔中最大型者），稍具光泽，柔软，叶片近于膜质，淡绿色或褐绿色，与其他苔藓混生。茎分枝间生型；叶片近覆瓦状，宽卵圆形，平展，叶边具细密齿，齿长3-4个细胞，基部宽1-2个细胞；叶背缘稍弯曲及内卷，基部下延，腹缘半圆形，基部扩大，不下延，叶顶端渐尖。角质层平滑。腹叶细小。孢子体未见。

生境：多生于海拔1600-2400 m的林地、枯枝或石面上。

分布：产于我国浙江、湖北、台湾、四川、云南、西藏；不丹、尼泊尔及印度亦有分布。

生境照

全叶

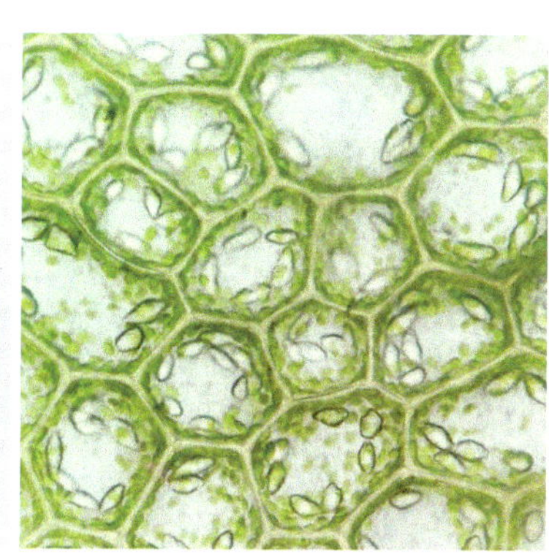
叶中部细胞

052 卵叶羽苔 *Plagiochila ovalifolia* Mitt.

植物体小或中等大小，褐绿色，交织成片，与其他苔藓混生。茎分枝间生型；茎皮部细胞壁稍厚，中部细胞壁薄；假根少，生于茎基部。叶密覆瓦状，卵圆形或长卵形；背缘稍内卷，基部下延，近叶顶端具5-8枚细齿，腹缘呈半圆形，基部稍下延并扩大，边缘具细密齿，叶顶端圆形或渐尖，具密齿，全叶具30-40枚细齿，齿长3-4个细胞。基部细胞壁薄，三角体细小；角质层平滑。腹叶退失。

生境：多生于海拔200-4000 m的湿石面或泥面上。

分布：产于我国吉林、辽宁、内蒙古、河北、山西、陕西、新疆、安徽、浙江、湖北、江西、湖南、台湾、广西、四川、云南、西藏；日本、朝鲜及菲律宾亦有分布。

生境照

全叶

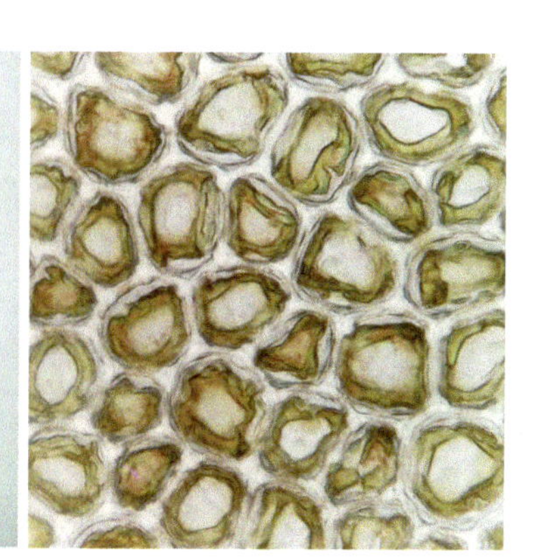
叶中部细胞

053 疏叶羽苔 *Plagiochila secretifolia* Mitt.

植物体中等大小，分枝小，坚挺，交织成片，略具光泽。茎带叶淡褐色；茎细胞壁薄；茎腹面密布假根。叶片疏生，长椭圆形，尤其茎顶部圆舌状，斜生；叶细胞三角体大；背缘甚为内卷至筒状，基部略下延，全缘，叶顶端渐尖，腹缘平直，略弯曲，基部不下延。角质层平滑。腹叶退失。雄苞间生，雄苞叶5对，基部稍膨大，边缘稍外卷。

生境： 多生于海拔2200-2700 m的石面或湿土上。

分布： 产于我国湖北、台湾、广西、云南、西藏；印度、不丹、尼泊尔、泰国及越南亦有分布记录。

生境照

全叶

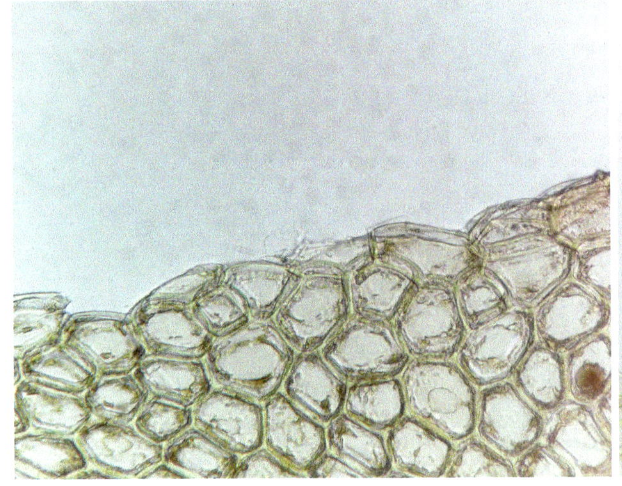

叶缘细胞

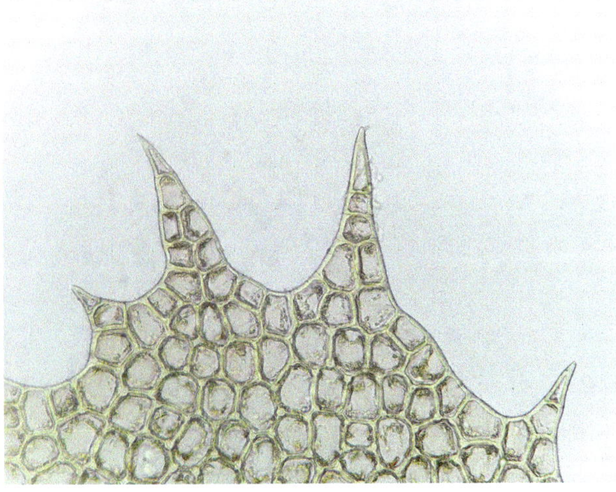

叶尖细胞

16. 合叶苔科 Scapaniaceae

054 刺边合叶苔 *Scapania ciliata* Sande Lac.

植物体丛生，中等大小，绿色或黄绿色，有时带褐色。茎单一或叉状分枝，直立或先端上升；茎横切面皮部和中部细胞有分化，褐色小型厚壁细胞，中部细胞大，壁薄；侧叶离生或相接排列，呈折合状；裂瓣不等大，背瓣小，腹瓣大，先端圆钝，边缘具透明刺状齿；腹瓣近于横生，向水平方向展开，卵形，基部常下延。中部细胞圆方形至圆多边形，基部细胞伸长，具中等大小的三角体；角质层粗糙具明显密瘤。

生境：多生于潮湿岩石、林下腐殖土或腐木上。

分布：产于我国安徽、浙江、湖北、江西、湖南、福建、台湾、广西、四川、贵州、西藏，本种在我国南方各地广泛分布；日本、朝鲜及喜马拉雅地区亦有分布。

生境照

叶缘细胞

全叶

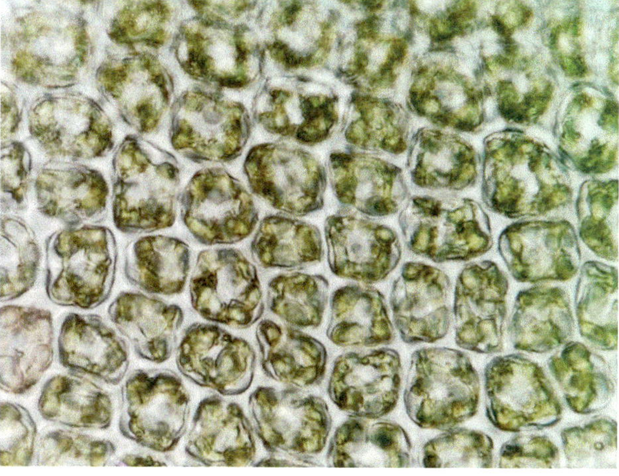

叶中部细胞

055 斜齿合叶苔 *Scapania umbrosa* (Schrad.) Dumort.

植物体小至中等大，褐绿色至红褐色。茎硬挺，直立或明显上升，多向腹面偏斜；茎横切面皮部2-4层小型厚壁细胞，中部细胞大，壁薄。叶裂瓣斜生于茎上，椭圆形或卵披针形，上部呈锐三角形；叶上部边缘具明显斜生锯状齿。侧叶相接或密集着生；背脊较短，平直或略弓形弯曲，具翅突；腹瓣斜生于茎上，并内凹向腹面偏斜，椭圆披针形，基部较窄，沿茎明显下延，向上部渐成锐尖，边缘具多细胞斜锯齿；背瓣斜生，与腹瓣同形，基部不下延，上部边缘具斜锯齿，先端尖锐。雌雄异株。

生境：多生于背阴处潮湿腐木或湿石面上。

分布：产于我国湖北、江西、湖南、四川；欧洲及北美洲亦有分布记录。

生境照

全叶

叶中部细胞

056 大合叶苔 *Scapania paludosa* (K. Müll.) K. Müll.

水生或水湿生苔类，植物体粗壮，绿色至黄绿色，下部渐呈褐色。茎直立或倾立；茎横切面皮部2-3层小型厚壁细胞，中部细胞大，壁薄。侧叶疏生，不等2裂；背脊短，呈半圆形弯曲，具宽钝翅突；腹瓣近于圆形，垂直，不向后弯折，基部沿茎长下延，先端圆钝，叶边全缘平滑或具单细胞疏齿；雌雄异株。蒴萼背腹扁平，口部平截，全缘或具齿突。

生境：多生于沼泽地或林下水湿处，有时见于潮湿土面或岩面薄土上，常与湿生藓类形成群落。

分布：产于我国内蒙古、湖北；日本、朝鲜、俄罗斯（西伯利亚）、欧洲及北美洲亦有分布记录。

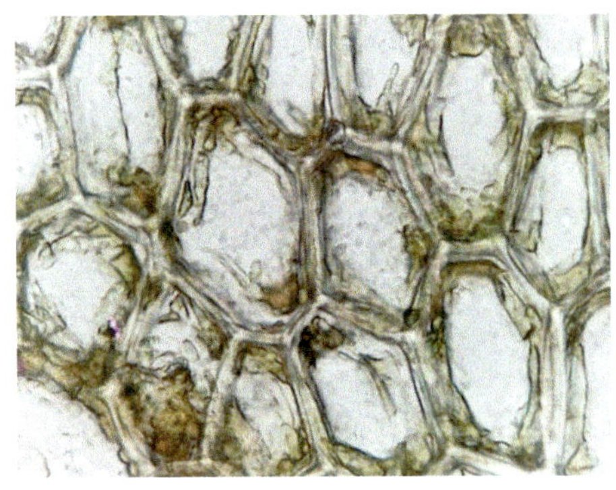

叶中部细胞

全叶

生境照

057 刺毛合叶苔 *Scapania ciliatospinosa* Horik.

植物体中等大小，黄褐色或红褐色，密集丛生。茎常单一，不分枝，红褐色，硬挺。具极短背脊；叶边缘具规则单个细胞长的刺状齿。侧叶疏生或相接排列，干时有时蜷缩，不等2裂几达基部，背脊极短，强烈弯曲；背瓣小，卵形，与茎平行着生，略反折，边缘具纤毛状刺齿，基部沿茎下延；齿尖锐，单细胞，透明。角质层平滑。芽孢生于叶裂瓣先端，卵形，黄褐色。

生境：多生于海拔1670-3100 m的岩石面、土坡或林下腐殖土上。

分布：产于我国湖北、台湾；尼泊尔、印度（锡金）及不丹亦有分布记录。

植株孢蒴

生境照

叶中部细胞

全叶

058 林地合叶苔 *Scapania nemorea* (L.) Grolle

植物体大小变化较大，淡黄色至褐绿色。茎中部细胞大，壁薄。侧叶斜生，相接排列于茎上；背脊较短，略呈弓形弯曲。叶细胞表面平滑，腹瓣扁平或因上部向后弯折而凸起，长圆形至长椭圆形，向基部渐窄，呈弧形弯曲沿茎长下延，上部宽，先端多圆钝，边缘具规则密集刺状齿，顶端尖锐；背瓣斜生，肾形至圆方形，远超过茎，基部在茎上着生处呈弧形弯曲，明显下延，先端具钝或锐小尖，边缘具刺状齿。

生境：多生于山区林下腐木或高山草甸上。

分布：产于我国湖北、四川、云南、西藏；俄罗斯（西伯利亚）、欧洲及北美洲亦有分布记录。

生境照

全叶

叶中部细胞

059 斯氏合叶苔 *Scapania stephanii* K. Müll.

植物体小至中等，绿色至褐绿色，有时略带红褐色。茎直立或上升，单一或稀疏分枝；茎横切面皮部2-3层小型厚壁细胞，中部细胞大，壁薄；假根稀疏。侧叶离生或相接排列，背脊较短，略弓形弯曲，常具翅突；腹瓣卵形或宽卵形，基部略下延，先端钝或锐，具小尖，边缘具不规则粗齿，向上部变大，齿多细胞；叶片尖端和近边缘细胞圆方形，细胞壁均匀加厚，具中等大小三角体；中部细胞近方形，基部细胞稍长；角质层平滑，或略粗糙具细疣。

生境：多生于岩石或土面上，有时见于腐木或树干上。

分布：产于我国辽宁、山东、安徽、浙江、湖北、江西、湖南、福建、台湾、广西、四川、贵州、云南、西藏；日本亦有分布。

生境照

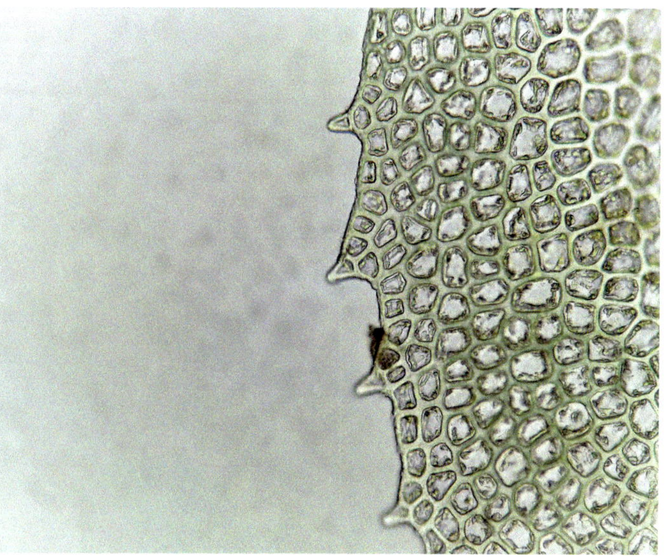

叶缘细胞

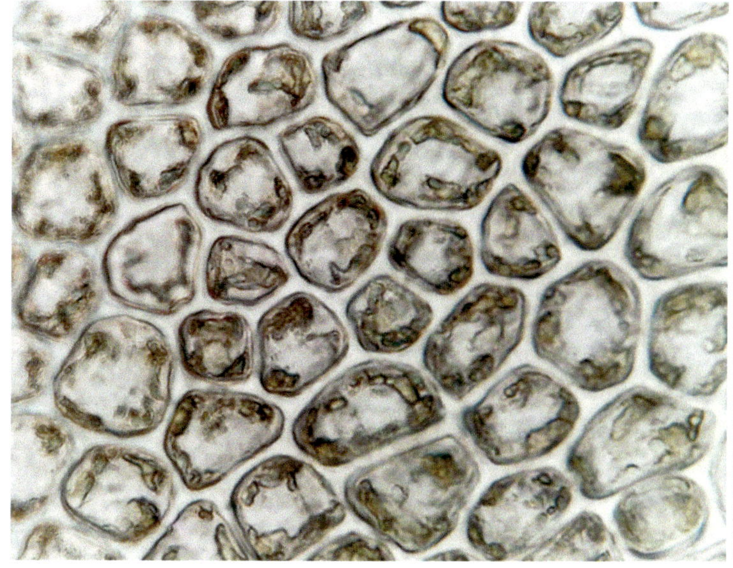

叶中部细胞

全叶

17. 齿萼苔科 Lophocoleaceae

060 四齿异萼苔 *Heteroscyphus argutus* (Reinw., Blume & Nees) Schiffn.

植物体常不透明，淡绿色或黄绿色，常与其他苔藓形成群落。叶片覆瓦状排列，斜列蔽后式着生，长方圆形，先端截齐形或圆钝，具4-10枚齿，叶边全缘。叶细胞近于等轴六边形，壁薄或壁厚，无三角体，不透明；角质层平滑。腹叶小，2裂几达基部，两侧边近基部具2粗齿，两基角或单侧与侧叶联生。雌雄异株。雄苞叶具2锐齿。雌苞生于侧短枝上，雌苞叶卵披针形，2-3裂瓣，边缘具不规则齿，雌苞腹叶似正常叶，离生；蒴萼明显，具3条纵褶，背棱有时开裂，萼口开阔，边缘具3条裂瓣，边缘具刺状长齿。

生境：多生于海拔200-2800 m的林下树干、腐木或湿土上。

分布：产于我国江苏、浙江、湖北、湖南、福建、台湾、广东、海南、广西、四川、贵州、云南、西藏；日本、菲律宾、印度尼西亚、澳大利亚及非洲亦有分布。

生境照

全叶

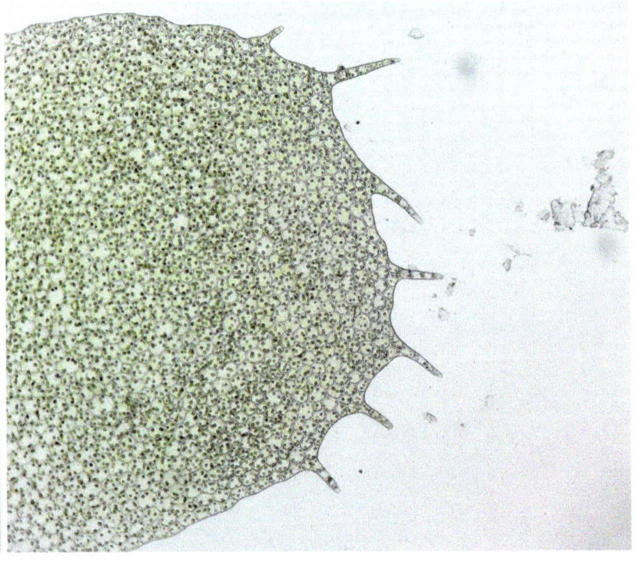

叶尖细胞

061 南亚异萼苔 *Heteroscyphus zollingeri* (Gottsche) Schiffn.

植物体较大，常较透明，带叶淡绿色，常与其他苔藓形成群落。茎绿色，分枝少，间生型，或不分枝。假根生于腹叶基部。叶片密覆瓦状，方圆形或近于卵圆形，先端圆钝，具1-3枚短齿，稀平滑无齿或具3-4枚小齿。叶细胞六边形，壁薄，基部略长大；角质层平滑。腹叶小，弯缺钝形，裂瓣披针形，两侧基部具单齿。雌雄异株。雌雄苞生于侧短枝上。雄苞叶排列成穗状，先端2裂齿状。雌苞叶卵披针形，裂瓣披针形，边缘具刺状齿，雌苞腹叶离生；蒴萼三棱形，背棱开裂缝较长，萼口开阔，3条裂瓣披针形，具刺状齿。

生境：多生于潮湿树干基部、腐木或土地上。

分布：产于我国河南、陕西、甘肃、江苏、安徽、浙江、湖北、湖南、福建、海南、广西、四川、贵州、云南、西藏；马来西亚、菲律宾、印度尼西亚及巴布亚新几内亚亦有分布。

全叶

生境照

叶缘细胞

062 双齿异萼苔 *Heteroscyphus coalitus* (Hook.) Schiffn.

植物体中等，油绿色或黄绿色，基部褐绿色，常与其他苔藓形成群落。叶片覆瓦状，横展蔽后式，近于对生，长方形，先端截齐形，两角齿状，叶边全缘。叶细胞壁薄，无三角体，六边形，不同植物体有很大变化；角质层平滑。腹叶中等大，两基角与侧叶联生，扁方形，先端具4-6枚不整齐齿。雌雄异株。雌雄苞生于侧短枝上。雄苞穗状，雄苞叶小，先端具2长齿。雌苞叶小，具不整齐齿；蒴萼小，口部阔，具毛状齿。

生境：多生于林下或平原湿岩石上或腐木上，有时生于树上。

分布：产于我国河南、江苏、浙江、湖北、湖南、福建、台湾、广东、海南、广西、四川、云南、西藏；日本、菲律宾、印度尼西亚、澳大利亚及巴布亚新几内亚亦有分布。

生境照

全叶

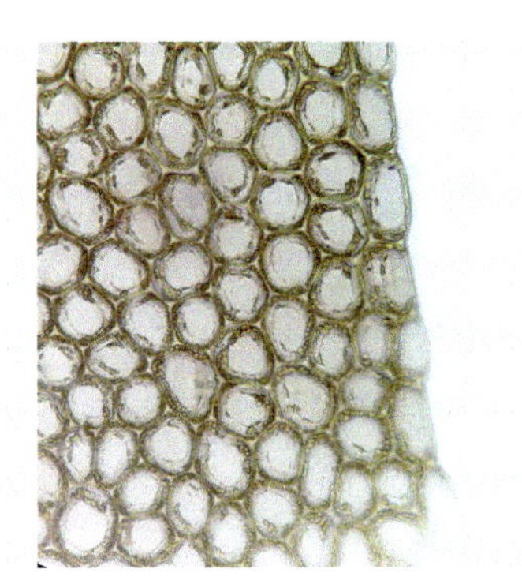
叶缘细胞

063 平叶异萼苔 *Heteroscyphus planus* (Mitt.) Schiffn.

植物体粗大，绿色或黄绿色，稀疏丛生于其他苔藓群落中。茎匍匐；分枝少，分枝发生于茎腹面。假根少，生于腹叶基部。侧叶略呈覆瓦状排列，蔽后式，长方形，先端裂片状，侧边全缘。叶细胞近于等轴六边形，细胞壁略厚，三角体不明显；角质层平滑。腹叶小，几乎与茎同宽，阔长方形，裂瓣披针形，两侧边缘各具1齿，基部一侧与侧叶联生。雌雄异株。雌雄苞均生于茎腹侧短枝上，短枝无正常茎叶。雌苞叶大，先端具不规则裂片，边缘具不规则齿。孢蒴球形，蒴壁4-5层细胞。孢子球形，表面粗糙。弹丝2条螺纹加厚。

生境：多生于潮湿的岩石上，或河边。

分布：产于我国湖北、台湾、四川、云南、西藏；印度尼西亚亦有分布。

生境照

全叶

叶缘细胞

064 圆叶裂萼苔 *Chiloscyphus horikawanus* (S. Hatt.) J. J. Engel & R. M. Schust.

植物体小，鲜绿色或黄绿色，丛生。茎匍匐，带叶分枝少。假根少，束状，生于腹叶基部，无色。叶片覆瓦状蔽后式，方圆形，叶边平滑，背边稍下延，先端截齐形。叶细胞近于等轴型，基部稍大，壁薄；角质层平滑；油体球形或纺锤形，聚合体形。腹叶长椭圆形；裂瓣钝或锐尖，叶边一侧基部常与侧叶联生。芽孢生于叶尖。雌雄异株。雄苞生于茎中间，雄苞叶基部囊状，先端内曲具刺，雄苞腹叶类似茎腹叶，每个雄苞叶具1个精子器。雌苞生于顶端，雌苞叶与茎叶相似，雌苞腹叶长大于宽的2倍，裂瓣三角形，先端锐尖，两侧各具1齿；蒴萼上部扁平形，口部3裂，裂瓣边平滑稀具齿。孢蒴球形，成熟时4裂瓣，蒴壁4层细胞。孢子具细疣。

生境：多生于林下岩面湿土或湿土上。

分布：产于我国湖北、贵州；日本亦有分布。

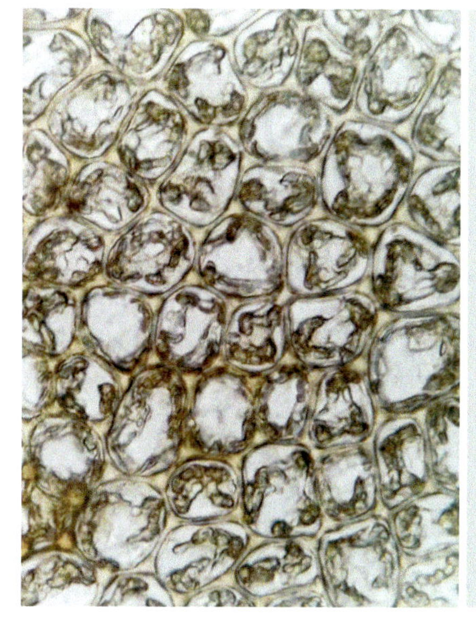

叶中部细胞

全叶

生境照

065 异叶裂萼苔 *Chiloscyphus profundus* (Nees) J. J. Engel & R. M. Schust.

植物体细小，绿色或黄绿色，平铺丛生。茎匍匐，带叶不分枝或少数分枝。假根呈束状，生于腹叶基部，无色。叶片覆瓦状排列，下部叶先端2裂齿状，上部叶先端圆钝或截齐状，全叶近于方形或舌形，全边平滑，背部稍下延。叶细胞近于等轴六边形，壁薄；角质层平滑；油体小，球形或椭圆形。腹叶与茎同宽或稍比茎宽，方形或长方形。雌雄同株。雄苞生于蒴萼下部，雄苞叶基部鼓起呈囊状，边全缘，先端内曲，雄苞腹叶同茎腹叶，边全缘，基部鼓大，呈囊状；雌苞腹叶比茎腹叶大，边全缘或具齿；蒴萼高出苞叶，中下部呈囊状，口部3裂瓣，边缘具弱齿。孢蒴球形，褐色。孢子球形，具细网格。

生境： 多生于林下腐木、树干基部、岩面或湿土上。

分布： 产于我国黑龙江、吉林、辽宁、内蒙古、河北、河南、湖北、福建、四川、贵州、云南、西藏；日本、朝鲜、俄罗斯、欧洲及北美洲亦有分布。

生境照

全叶

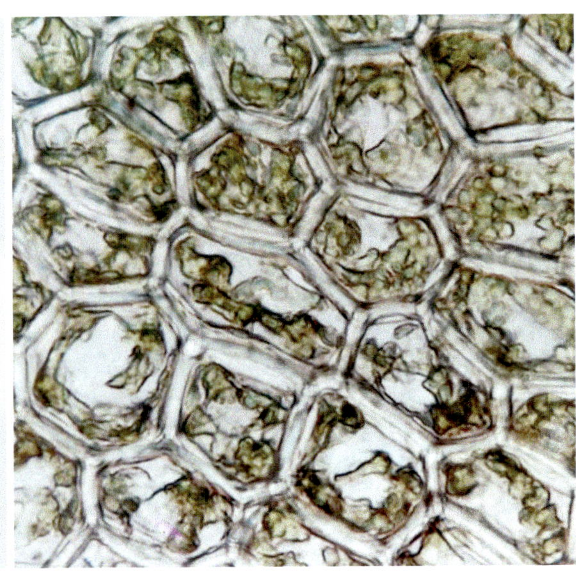

叶中部细胞

066 双齿裂萼苔 *Chiloscyphus latifolius* (Nees) J. J. Engel & R. M. Schust.

植物体小，淡绿色或黄绿色，略透明。带叶具少数耳叶苔型分枝。假根生于腹叶基部。叶片覆瓦状蔽后式排列，不对称，阔肾卵形，基部宽，两侧叶边略呈弧形，弯缺月牙形，裂瓣三角形，细长锐尖，腹侧裂瓣略小。叶细胞近于等轴型，基部细胞略长，透明，壁薄；角质层平滑。腹叶小，略宽于茎，基部一侧与侧叶相连，裂瓣尖锐，边缘各具1齿。雌雄异株。雄苞侧生于特化短枝上，雄苞叶密集覆瓦状排列，穗状多对。雌苞生于主茎或长枝顶端，雌苞叶大于茎叶，长卵形，先端浅2裂，全缘或具单齿；蒴萼较大，长筒形，口部具3裂瓣，裂瓣边缘具锐齿，基部无新生枝。

生境：生于树干、腐木或岩石上。

分布：产于我国吉林、湖北、湖南、台湾、四川、贵州、云南、西藏；马来西亚及巴布亚新几内亚亦有分布。

生境照

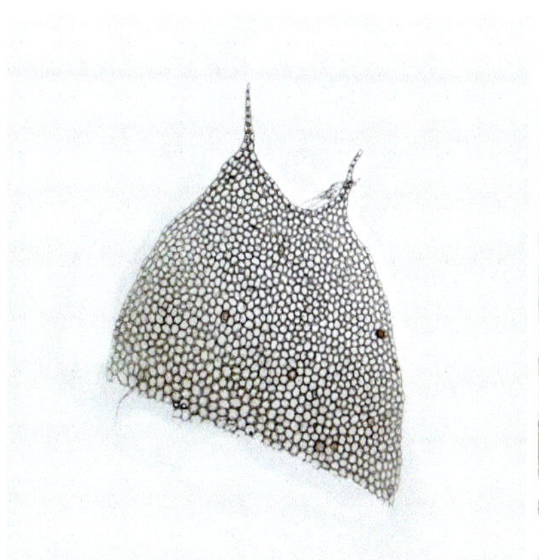
全叶

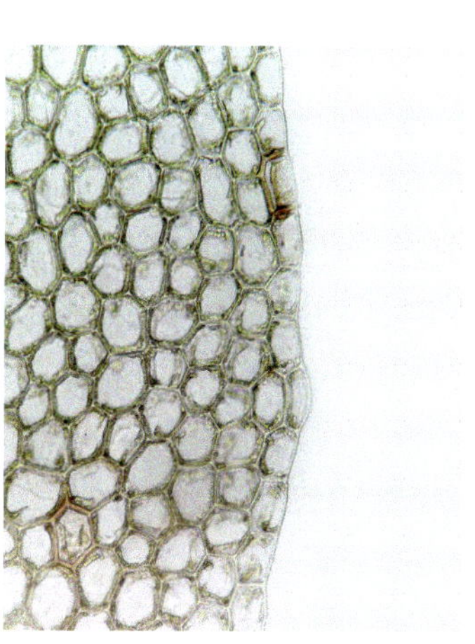
叶缘细胞

18. 多囊苔科 Lepidolaenaceae

067 囊绒苔 *Trichocoleopsis sacculata* (Mitt.) S. Okamura

植物体黄绿色，略具光泽。茎匍匐延伸，一至二回规则羽状分枝。叶3列，侧叶剪刀形，边缘具多数纤毛；腹叶较小，茎叶和枝叶腹瓣均有由叶内卷形成的水囊；细胞壁薄，具三角体。雌雄异株。蒴帽发育良好，卵细胞受精后，颈卵器迅速膨大，长圆筒形，外被密鳞片。孢蒴椭圆形，褐色，蒴壁由4-6层细胞构成，外层细胞壁呈不规则节状加厚，内层细胞壁薄。孢子大，球形，表面具细疣。

生境：生于阴湿林下腐木或湿岩面薄土上。

分布：产于我国安徽、湖北、四川、云南；朝鲜、日本及缅甸亦有分布。

生境照

19. 光萼苔科 Porellaceae

068 小瓣光萼苔 *Porella plumosa* (Mitt.) Inoue

植物体中等大，侧叶背瓣长圆舌形，腹侧边缘平直，具狭内卷边，先端宽圆形，具多数不规则锐齿；腹瓣极狭小，边缘平滑，顶端钝圆，基部稍下延，下延部分全缘；茎腹叶远离着生，紧贴于茎，长圆方形，边缘平滑，顶端圆截形，基部不下延。

生境：多生于树上或岩面上。

分布：产于我国浙江、湖北、四川、云南；越南、菲律宾、印度、喜马拉雅地区亦有分布。

生境照

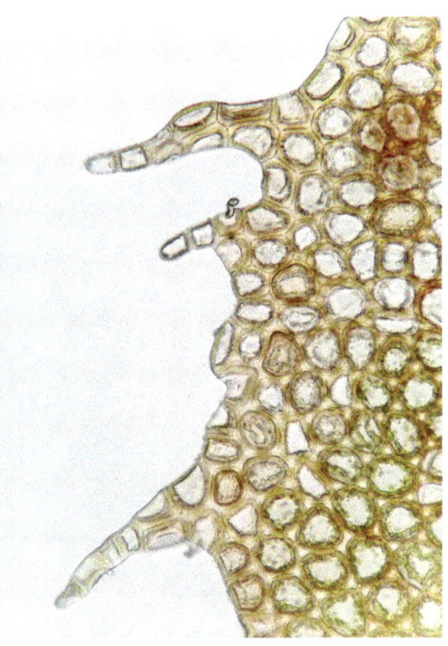

叶尖细胞

全叶

叶中部细胞

069 密叶光萼苔原亚种 *Porella densifolia* subsp. *densifolia* (Steph.) S. Hatt.

植物体粗大，密集平铺成疏松垫状生长，深绿色或棕色。侧叶背瓣斜展，卵形至长卵形，较短，卵形至长卵形，顶端狭急尖或渐尖，较钝宽，全缘或具1-2个短齿；腹瓣斜倾，长舌形，边缘平直，顶端钝圆，基部沿茎一侧下延，下延部分具裂片状齿；腹叶覆瓦状排列，紧贴于茎，长圆卵形，叶缘平展，全缘，顶端钝圆，基部沿茎两侧下延，下延部分具深裂片状齿。

生境：多生于树干或岩面上。

分布：产于我国陕西、甘肃、安徽、浙江、湖北、江西、湖南、福建、台湾、重庆、四川、云南、西藏；日本、朝鲜、越南亦有分布。

全叶

生境照

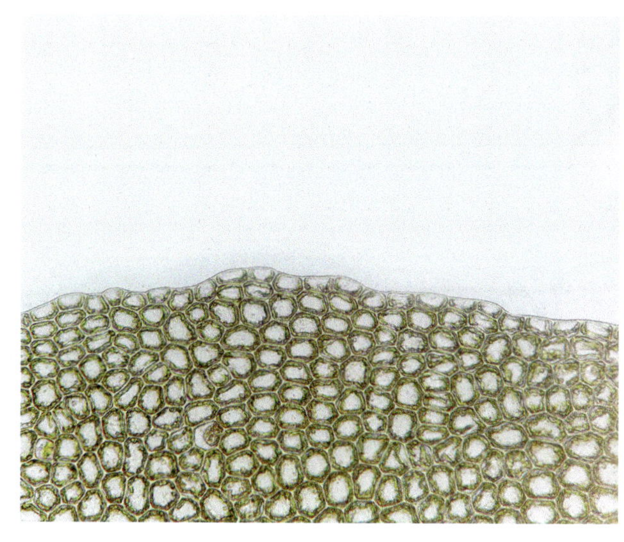

叶缘细胞

叶中部细胞

070 从生光萼苔日本变种 *Porella caespitans* var. *nipponica* S. Hatt.

植物体密集规则二回羽状分枝。侧叶背瓣长卵形，下部叶缘平滑，顶端具长尾状尖，顶端通常侧生1-5个长毛状齿，齿常扭曲，有时再次分裂；腹瓣狭长圆形或舌形，中下部叶缘平滑，有时具狭背卷边，顶端钝或具1-2个锐齿，基部沿茎一侧下延，下延部分常具裂片状齿；腹叶宽卵形或卵形，先端2裂呈长毛状齿，边缘全缘或具不规则短齿至毛状齿，基部下延呈不规则裂片状。

生境：多生于树干或岩面上。

分布：产于我国甘肃、浙江、湖北、湖南、福建、重庆、四川、广西、贵州、云南、西藏；日本、朝鲜、尼泊尔、印度、菲律宾亦有分布。

全叶　　叶尖

叶缘细胞

生境照

071 毛边光萼苔 *Porella perrottetiana* (Mont.) Trevis.

植物体粗大，密集平铺生长，黄绿色至褐色。茎不规则稀疏羽状分枝。侧叶覆瓦状排列，背瓣长卵形，稍斜展，前缘中部以上具长毛状齿；腹瓣倾斜，长舌形，边缘具多数毛状齿。腹叶舌形，宽稍大于茎直径，边缘密生毛状齿。

生境：多生于林下树干、石壁、岩面薄土上。

分布：产于我国华东、华中、华南、西南和西北；东亚其他国家、南亚和东南亚亦有分布。

生境照

叶尖

全叶

20. 扁萼苔科 Radulaceae

072 尖叶扁萼苔 *Radula kojana* Steph.

植物体中等大，黄褐色或油绿色，不规则羽状分枝，分枝向斜上方伸出。皮部和中部细胞同形，中部细胞黄色，细胞壁薄，无三角体。叶背瓣重叠覆瓦状或稀疏覆瓦状，椭圆瓢形，短锐尖。芽孢盘状，生于背瓣边缘。叶腹瓣近似方形，膨胀瓢形，先端钝，假根区凸起，假根少，背脊略呈弧形，弯缺锐角形。雌雄异株。雄苞叶背瓣椭圆形内曲，具短尖，腹瓣与背瓣近似长方形。蒴萼扁长筒状，萼口平滑。

生境：多生于土壤、树基或腐木上，有时也生于岩面薄土上。

分布：产于我国安徽、湖北、江西、湖南、福建、台湾、海南、广西、四川；朝鲜、日本、菲律宾亦有分布。

生境照

全叶

叶尖

叶中部细胞

073 扁萼苔 *Radula complanata* (L.) Dumort.

植物体小，垫状，黄绿色。茎不规则羽状分枝。叶片密覆瓦状，具芽孢；叶背瓣卵圆形，顶端圆钝，平展，全缘；腹瓣近方形，鼓起，先端钝形或截形。蒴萼扁筒形，口部宽大，平滑。芽孢少，盘状，生于叶背瓣边缘。

生境：多生于林内树干或树枝上。

分布：产于我国黑龙江、吉林、内蒙古、甘肃、青海、新疆、湖北、江西、湖南、福建、四川、云南；北半球其他国家、巴西亦有分布。

全叶

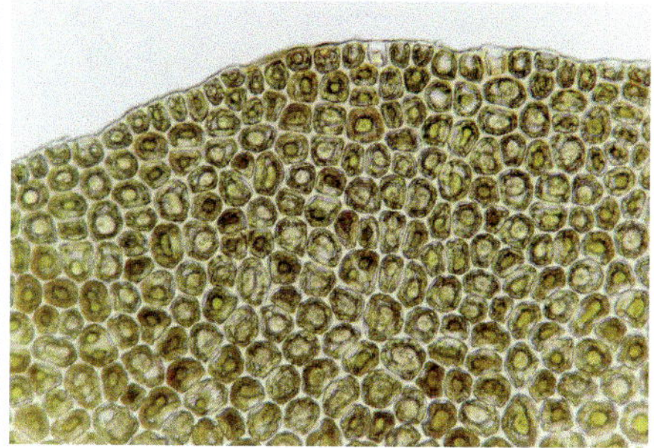

叶缘细胞

生境照

074 芽孢扁萼苔 *Radula lindenbergiana* Gottsche ex Hartm.

植物体中等大，淡黄绿色或黄褐色。不规则羽状分枝，枝条向上方斜展；皮部细胞与中部细胞同形，壁薄，具小三角体，皮部细胞淡黄色。叶背瓣密或疏覆瓦状排列，向两侧伸出，先端圆钝，不内曲；芽孢盘状，稀缺失。基部细胞壁薄，三角体小；角质层平滑。叶腹瓣方形，尖部稍延伸或不延伸，短尖状，远轴边直，近轴边弧形或钝角状，龙骨区鼓起；假根区凸起丘状，假根束状褐色，稍呈弧形或直，凹陷不明显或背瓣下弯。雌雄异株。雄苞生于侧短枝上；雌苞生于茎顶端，具1对雌苞叶，雌苞叶背瓣长椭圆形，先端圆钝，腹瓣短片状，背脊直或内凹，略呈弧形。蒴萼扁筒状，口部呈2浅裂，平滑。

生境：多生于树干、树枝或岩石上。

分布：产于我国吉林、河北、陕西、安徽、浙江、湖北、江西、湖南、福建、广西、四川、贵州、云南、西藏；北半球温带广布种。

叶中部细胞

全叶

生境照

075 尖舌扁萼苔 *Radula acuminata* Steph.

植物体中等大，脆弱，油绿色或黄褐色。茎长，不规则羽状分枝，分枝向斜上方伸出；茎横切面4个细胞厚，皮部细胞淡黄色，壁薄，具小三角体。叶背瓣覆瓦状，横向伸出，常内凹，狭长卵形，先端狭圆钝，近似平展，背面基部稍覆盖茎；芽孢盘形，生于背瓣腹面。基部细胞壁薄，角质层平滑。叶腹瓣长圆方形，先端常延长或小尖状，远轴边直或稍弧形，近轴边弯曲弧形，不覆盖茎，龙骨区稍膨胀；假根区凸出成丘状，假根淡褐色。雌雄异株。雄苞生于茎枝顶端或间生；雌苞生于茎或枝顶端，有2条新生枝，雌苞叶背瓣长卵状或锹形，具圆钝头，背脊向背弯曲，弧形。蒴萼扁长喇叭口形，口部稍宽。

生境：多生于树叶或树干和岩石上。

分布：产于我国湖北、福建、四川；日本、菲律宾、印度、越南及印度尼西亚亦有分布。

生境照

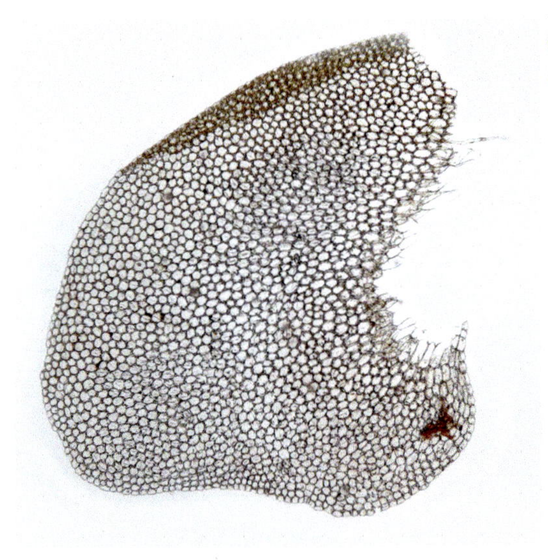

全叶

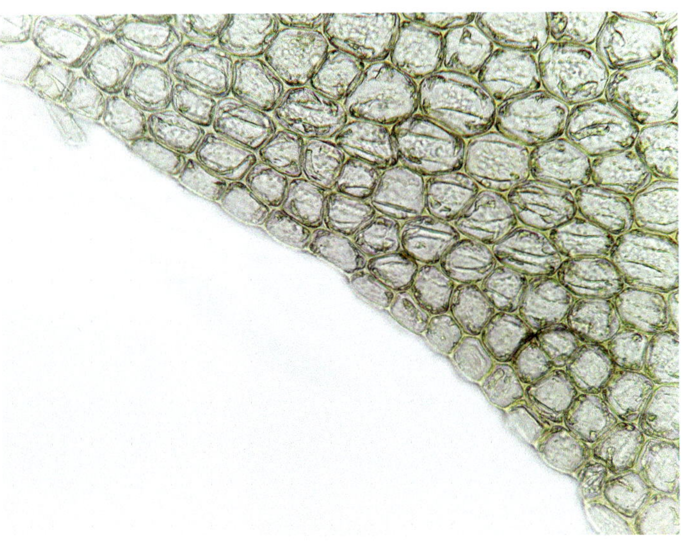

叶缘细胞

21. 毛耳苔科 Jubulaceae

076 毛耳苔 *Jubula hutchinsiae* (Hook.) Dumort.

植物体疏松平铺生长，茎匍匐，不规则羽状分枝，分枝扩散。叶3列；侧叶2列，斜列、覆瓦状蔽前式排列，常分化为背瓣和腹瓣；背瓣大，平展或内凹，卵形或椭圆形，顶端急尖或渐尖，具短尖，平展或稍内卷，叶缘具齿或全缘，基部近于平直；腹瓣远离茎着生，稀为披针形；侧叶和腹叶边缘齿少或缺，腹叶齿长1-4个细胞，腹叶大，裂角狭，裂瓣直立三角形，急尖或渐尖。雌雄同株。孢子棕绿色，表面具细颗粒状瘤，弹丝一条螺纹。

生境：通常生长在阴凉潮湿或淹没的岩石上。

分布：产于我国湖北、台湾；日本、欧洲和澳大利亚亦有分布。

生境照

全叶

叶尖

077 爪哇毛耳苔 *Jubula javanica* Steph.

植物体茎匍匐，不规则羽状分枝，分枝长而斜展。侧叶覆瓦状排列，斜列；背瓣卵形，顶端急尖，边缘常具2-5个毛状齿；腹瓣圆盔形，顶端圆形。腹叶宽卵形，裂瓣直立三角形，渐尖，全缘或有时具1-2个齿。叶细胞六边形或多边形，油体每细胞6-10个。雌雄同株。雌苞生于茎顶端，最内层雌苞叶背瓣长圆形，顶端渐尖或急尖，边缘具齿；腹瓣长圆披针形，渐尖，边缘具齿；雌苞腹叶长圆卵形，裂瓣长圆卵形，顶端渐尖，边缘具疏齿。蒴萼倒卵形，表面平滑，顶端具短喙。

生境：多生长于海拔1450-2200 m的林下腐殖土上。

分布：产于我国安徽、湖北、福建、台湾；日本、印度、印度尼西亚、巴布亚新几内亚、菲律宾、夏威夷亦有分布。

叶尖

全叶

生境照

22. 耳叶苔科 Frullaniaceae

078 盔瓣耳叶苔 *Frullania muscicola* Steph.

植物体小，紧贴基质着生，浅绿色至深棕色。茎不规则一至二回羽状分枝。侧叶紧密覆瓦状排列；背瓣卵圆形至长椭圆形，尖端圆钝，背缘基部耳状下延，腹缘基部不下延；腹瓣兜形或裂片状；腹叶倒楔形，先端2裂瓣，裂瓣两侧各有1-2齿，基部不下延。

生境： 多生于海拔30-3500 m的林下岩面、腐木、树干上。

分布： 产于我国黑龙江、内蒙古、山东、陕西、甘肃、江苏、浙江、湖北、江西、湖南、福建、台湾、香港、广西、四川、云南；俄罗斯、蒙古国、朝鲜、日本及印度亦有分布。

生境照

全叶

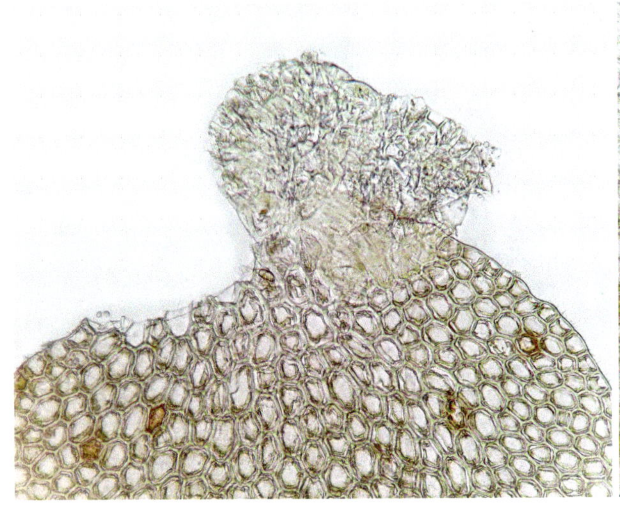

叶基细胞

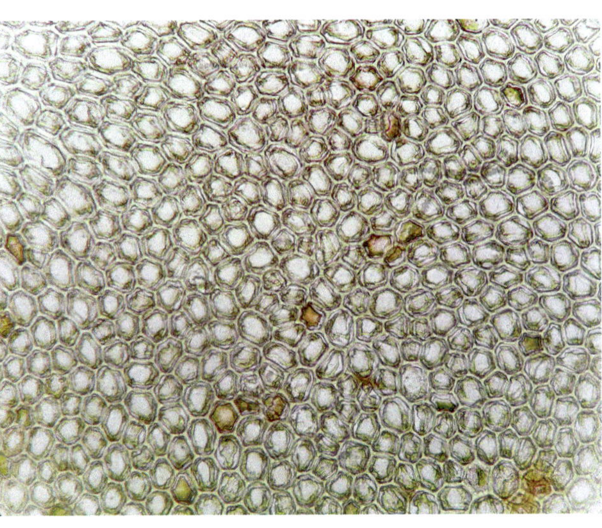

叶中部细胞

079 列胞耳叶苔 *Frullania moniliata* (Reinw., Blume & Nees) Mont.

植物体侧叶背瓣先端圆钝至急尖。腹瓣棒状，附体丝状，基部盘状结构小；腹叶近于平展，基部通常不具下延形成的叶耳状裂瓣；背瓣通常具1列油胞。

生境： 多生于林下树干或岩面上。

分布： 产于我国黑龙江、陕西、山东、安徽、浙江、湖北、江西、湖南、福建、台湾、广东、海南、香港、广西、四川、贵州、西藏；印度、斯里兰卡、越南、老挝、朝鲜、日本及俄罗斯亦有分布。

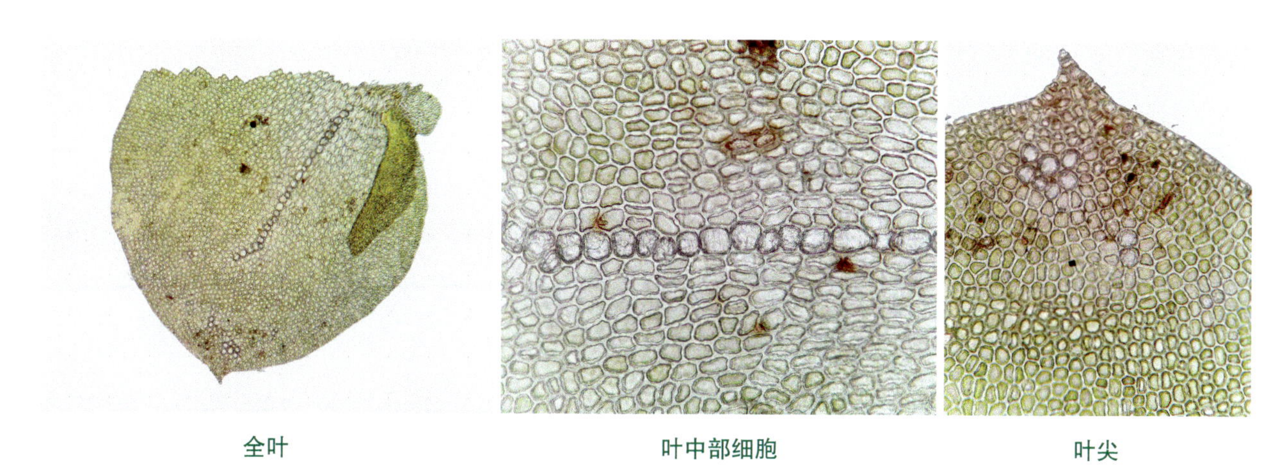

全叶　　叶中部细胞　　叶尖

080 钟瓣耳叶苔 *Frullania parvistipula* Steph.

植物体绿色、淡棕色或深棕色，细小。侧叶背瓣近圆形，顶端宽圆形，平展或稍内卷，基部两侧下延近于对称；腹瓣对称钟形，口部宽，平截；腹叶贴于茎，远离着生，倒楔形，裂角急尖，裂瓣三角形，急尖或钝，两侧各具1个钝齿，基部近横生。

生境： 多生于林下树皮上。

分布： 产于我国黑龙江、吉林、山东、湖北、湖南、四川、贵州、云南、西藏；不丹、泰国、日本、俄罗斯及欧洲亦有分布。

叶中部细胞　　全叶　　生境照

23. 细鳞苔科 Lejeuneaceae

081 瓦叶唇鳞苔 *Cheilolejeunea imbricata* (Nees) Hatt.

植物体黄绿色。茎不规则分枝。侧叶覆瓦状排列，水平伸展，宽卵形，顶端圆，边缘全缘。叶细胞壁通常薄，三角体小到大，中部球状加厚通常缺，角质层平滑。油胞和假肋短缺。腹瓣大，长方形，角齿长14个细胞，透明疣位于角齿基部的远轴侧。腹叶矩圆形，边缘全缘。

生境： 多生于海拔850-1800 m的树干、岩石表面。

分布： 产于我国湖北、贵州、云南等地；亚洲东南部、南太平洋及澳大利亚亦有分布。

生境照

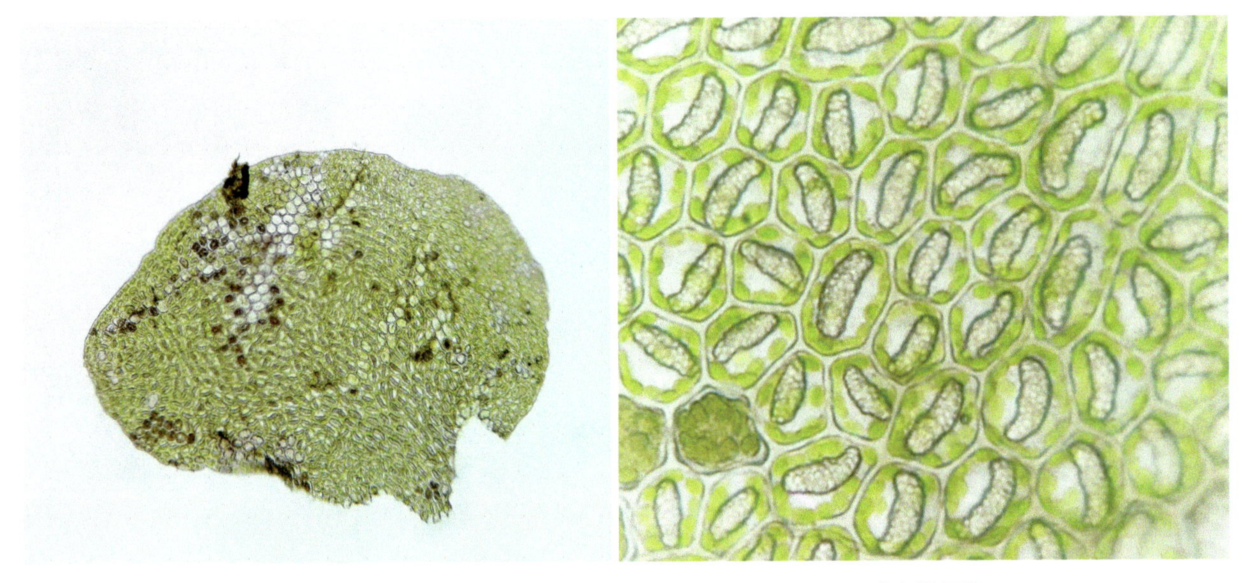

全叶　　叶中部细胞

082 卷边唇鳞苔 *Cheilolejeunea xanthocarpa* (Lehm. & Lindenb.) Malombe

植物体中等大，白绿色。茎不规则分枝，分枝细鳞苔型。叶背瓣椭圆形，顶端圆，全缘，内弯；腹瓣长方形，顶端具1个钝的角齿，透明疣位于角齿基部远轴侧。腹叶近圆形，全缘。蒴萼倒卵球形，具5个平滑的脊。芽孢缺。

生境：多生于海拔1500 m的树皮、树枝、腐木、岩石或岩面薄土上。

分布：产于我国华东、华中、华南和西南；泛热带分布。

叶中部细胞

全叶

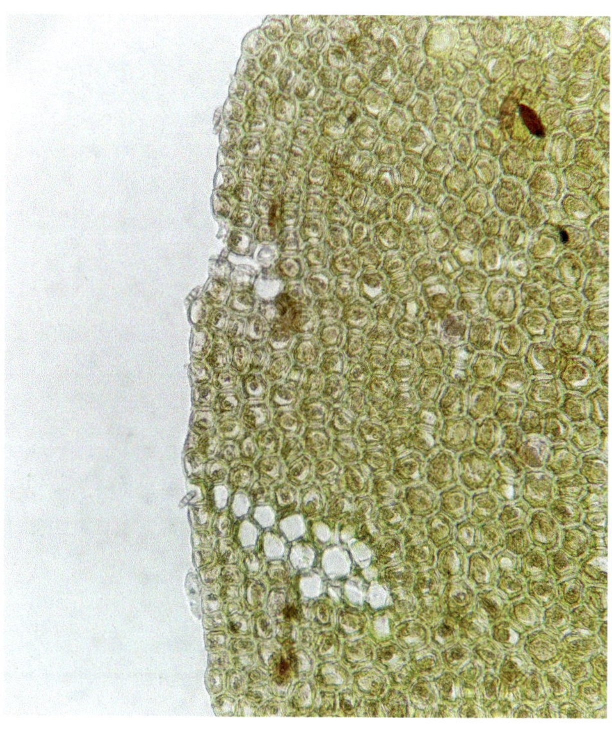

叶缘细胞

生境照

083 截叶小鳞苔 *Cololejeunea truncatifolia* Horik.

植物体灰绿色，较小。茎分枝少。叶狭矩圆形，顶端稍呈截形，稀锐尖，边缘常具齿突。叶细胞壁薄，三角体和中部球状加厚缺，细胞背面常具1个圆柱状疣。油胞和假肋缺。腹瓣狭卵形，顶端截形，中齿2个细胞长，常直立伸展，角齿单细胞，常退化，透明疣位于中齿基部的内表面。

生境：多生于海拔900-1700 m的潮湿的林地叶面或岩石上。

分布：产于我国湖北、台湾、云南；日本、不丹亦有分布。

生境照

全叶

叶尖

084 阔瓣疣鳞苔 *Cololejeunea latilobula* (Herzog) Tixier

植物体小，黄绿色。茎不规则分枝，分枝细鳞苔型。叶背瓣椭圆形，顶端圆，全缘，顶端和背部边缘具1-3列透明细胞；腹瓣阔舌形，边缘不具齿，透明疣位于腹瓣顶端。附体单细胞。芽孢盘状，生于背瓣腹面。

生境：多生于海拔460-2300 m的树皮、土面、岩石或叶片上。

分布：产于我国华东、华中、华南和西南；越南、缅甸、印度、尼日利亚、坦桑尼亚和留尼汪亦有分布。

生境照

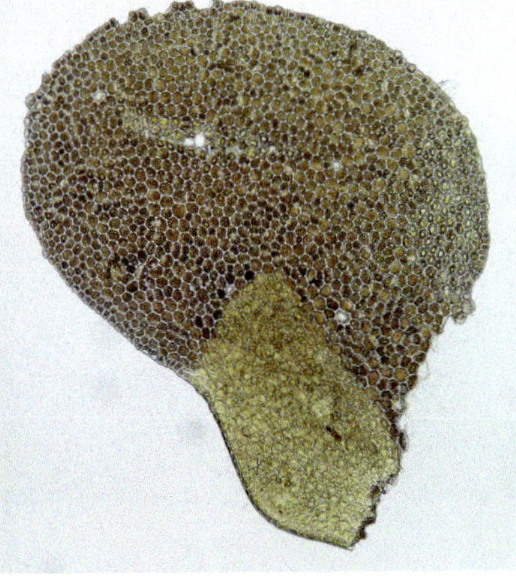
全叶

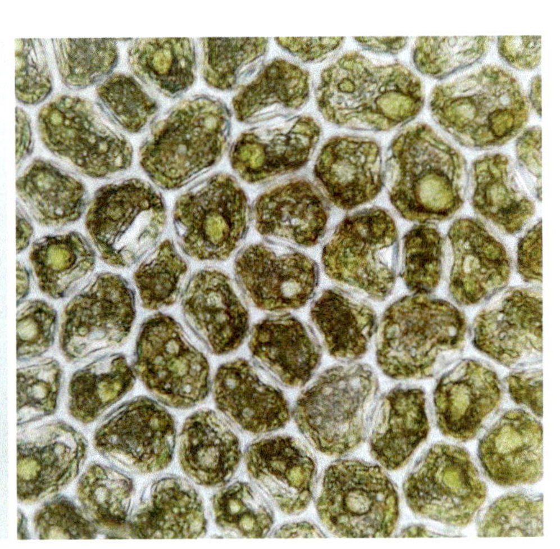
叶中部细胞

085 鳞叶疣鳞苔 *Cololejeunea longifolia* (Mitt.) Benedix ex Mizut.

植物体小，绿色、浅绿色。茎不规则分枝。叶长卵形、卵状三角形到狭披针形，顶端渐尖，稀钝圆，叶边全缘或具细圆齿。基部细胞相似于中部细胞，油胞和假肋缺，角质层平滑。腹瓣小，狭卵形或狭矩圆形。腹叶缺。雌雄同株（有时同株同苞）。雌器苞顶生，具1个新生枝。雌苞叶与正常叶相似。蒴萼倒卵形，顶端常平截，芽孢盘状。

生境： 多生于树干、树基、叶面、湿石或腐木上。

分布： 产于我国陕西、安徽、浙江、湖北、江西、湖南、福建、台湾、广东、海南、广西、重庆、四川、贵州、云南、西藏；不丹、印度、日本及朝鲜亦有分布。

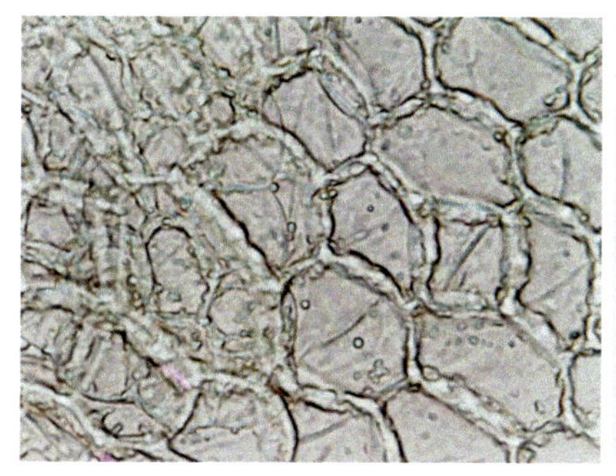

叶中部细胞

全叶

生境照

086 南亚瓦鳞苔 *Trocholejeunea sandvicensis* (Gottsche) Mizt.

植物体小到中等大，绿色。茎不规则分枝，分枝多为耳叶苔型。叶背瓣卵形，顶端圆，全缘；腹瓣卵形或半圆形，边缘具3-5齿，透明疣位于腹瓣内表面中齿基部近轴侧。腹叶肾形，全缘。蒴萼倒卵球形或圆柱形，具6-10个平滑的脊。芽孢缺。

生境： 多生于海拔40-3600 m的树皮、岩石、腐木、叶片、沙石或土上。

分布： 我国各地分布；东亚其他国家、东南亚、南亚和美国（夏威夷）亦有分布。

全叶

叶中部细胞

生境照

087 中华细鳞苔 *Lejeunea soae* R. L. Zhu, Y. M. Wei, L. Söderstr., A. Hagborg & von Konrat

植物体覆瓦状排列，卵形，顶端圆，基部细胞相似于中部细胞。油胞和假肋缺。角质层几乎平滑。腹瓣大，卵状方形，近轴的边缘通常强烈内卷，顶端具齿，中齿单细胞，角齿不明显。腹叶近圆形，边缘全缘。雌雄同株。雄穗生于短或长的枝上，顶端有时具无性枝，苞叶密集覆瓦状排列，腹苞叶生于整个雄穗；雌器苞顶生。蒴萼倒卵形或宽柱形。孢子干时棕黑色，表面密被细疣。

生境： 多生于树干上。

分布： 产于我国湖北、四川、广西、重庆、云南；尼泊尔亦有分布。

生境照

全叶

叶缘细胞

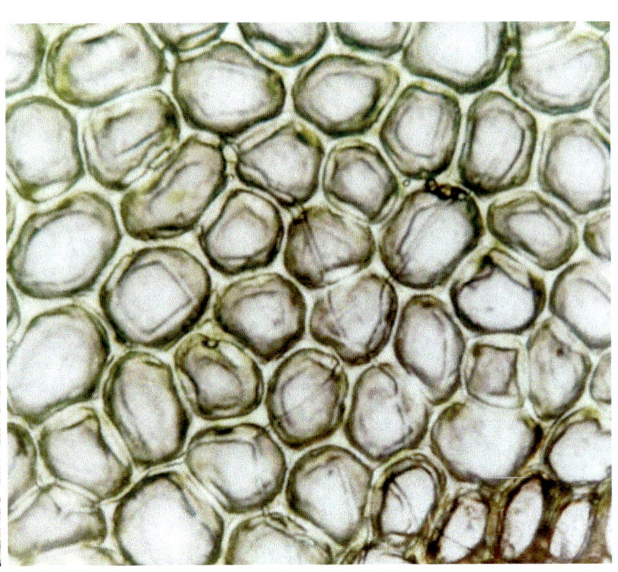

叶中部细胞

088 耳瓣细鳞苔 *Lejeunea compacts* (Steph.) Steph.

植物体灰绿色。茎分枝较少。侧叶覆瓦状排列，不对称卵形，顶端圆或钝圆，常下弯，边缘全缘。叶细胞壁薄，三角体小到大，中部球状加厚小或不明显，基部细胞相似于中部细胞。油胞和假肋缺。角质层平滑或常具细疣。腹瓣顶端斜截形，中齿常单细胞，角齿退化，透明疣位于中齿的近轴侧。腹叶大，边缘全缘。

生境：多生于海拔850-1300 m的林下树干和土壤上。

分布：产于我国安徽、浙江、湖北、福建、海南、四川、云南；日本和朝鲜亦有分布。

生境照

叶缘细胞

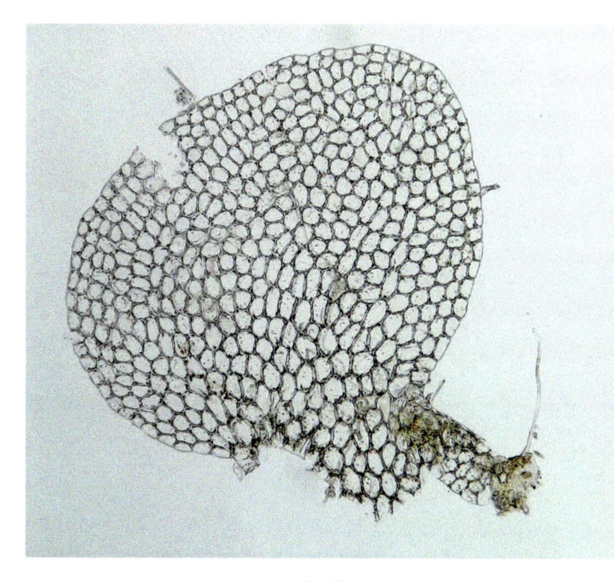

全叶

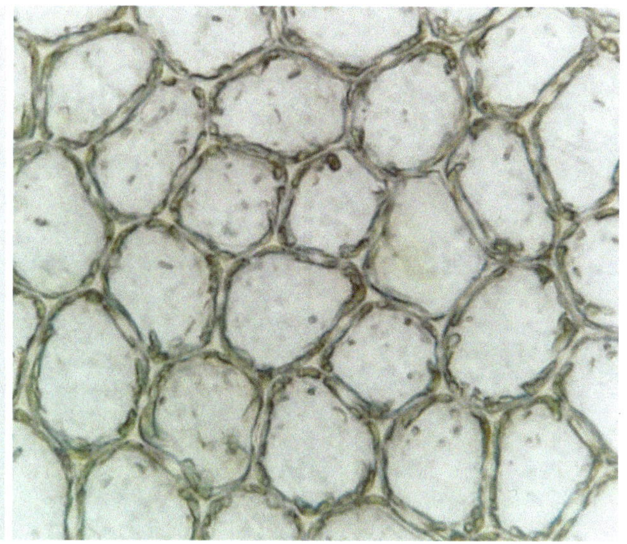

叶中部细胞

089 弯叶细鳞苔 *Lejeunea curviloba* Steph.

植物体小，黄绿色。茎不规则分枝，分枝细鳞苔型。叶背瓣卵形，顶端圆，常内弯，全缘；腹瓣小，卵形，顶端具2齿，中齿单细胞，弯向叶顶端，角齿退化，透明疣位于中齿基部近轴侧。腹叶远生，近圆形，2裂。蒴萼倒卵球形，具5个平滑的脊。芽孢缺。

生境： 多生于海拔690-2800 m的树皮、树枝、腐木、石头、灌丛或叶片上。

分布： 产于我国华东、华中、华南和西南；日本、不丹和印度亦有分布。

全叶

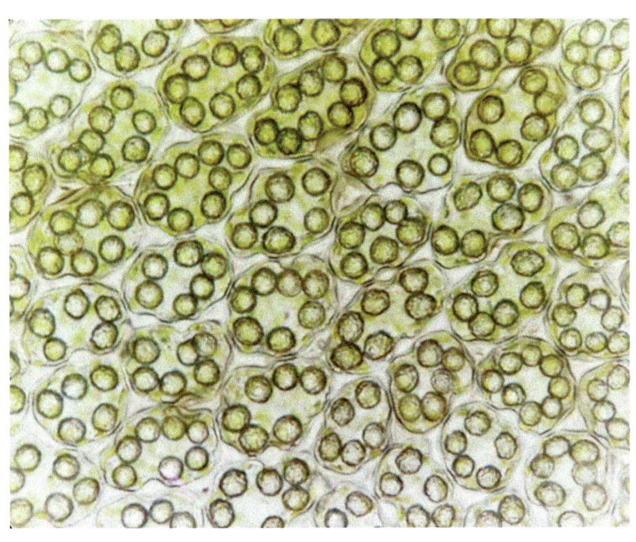

叶中部细胞

生境照

090 狭瓣细鳞苔 *Lejeunea anisophylla* Mont.

植物体黄绿色，小型。茎不规则分枝。侧叶覆瓦状排列，卵形，顶端圆或钝圆，边缘全缘。叶细胞壁薄，三角体通常大，中部球状加厚小或不明显，基部细胞相似于中部细胞。油胞和假肋缺。角质层几乎平滑。腹瓣常退化成几个细胞。腹叶远生，边缘全缘。雌雄同株。

生境： 多生于海拔350-1300 m的林下叶面、树干、朽木上。

分布： 产于我国湖北、台湾、广东、海南、广西、贵州、云南；日本、朝鲜及印度亦有分布。

全叶

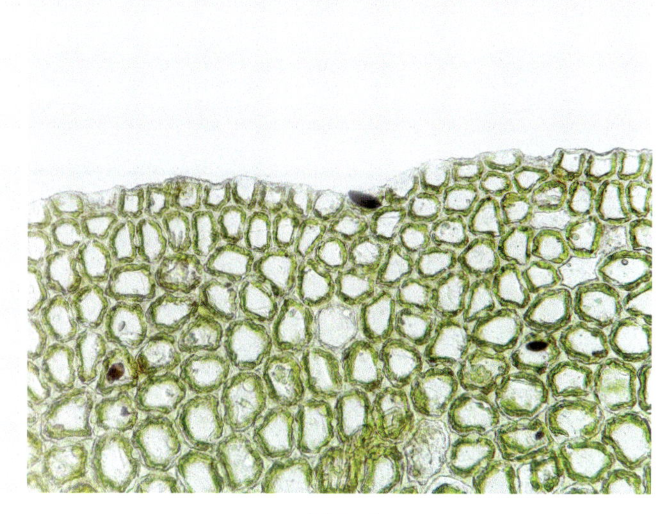

叶尖细胞

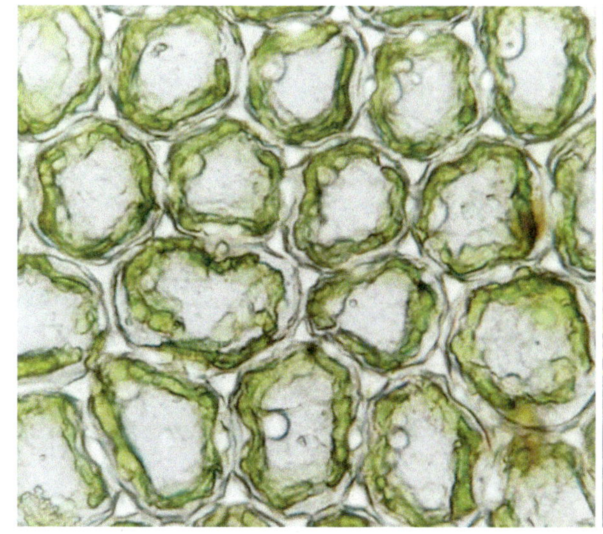

叶中部细胞

生境照

24. 绿片苔科 Aneuraceae

091 绿片苔 *Aneura pinguis* (L.) Dumort.

植物体大，扁平带状，黄绿色至深绿色，具光泽。茎不分枝或有时不规则分枝，枝先端圆钝，边缘具波纹。雌雄异株。雌器苞均生于叶状体边缘；假蒴萼大，长棒形或柱形。

生境： 多生于林下腐木或湿石上。

分布： 产于我国东北、西北、华东、华中、华南和西南；东亚其他国家、喜马拉雅地区、菲律宾、欧洲、北美洲和玻利维亚亦有分布。

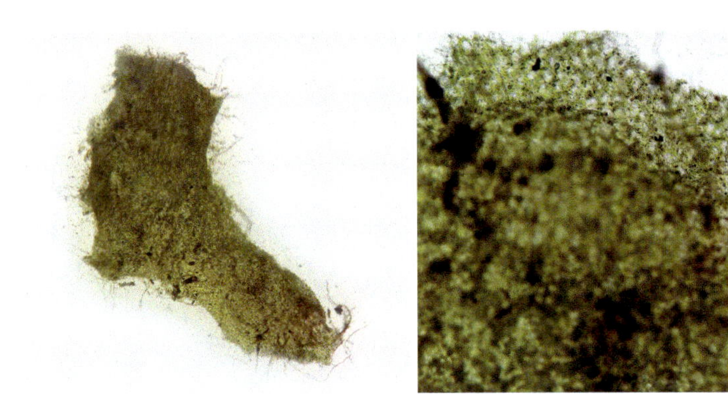

全叶　　叶缘细胞

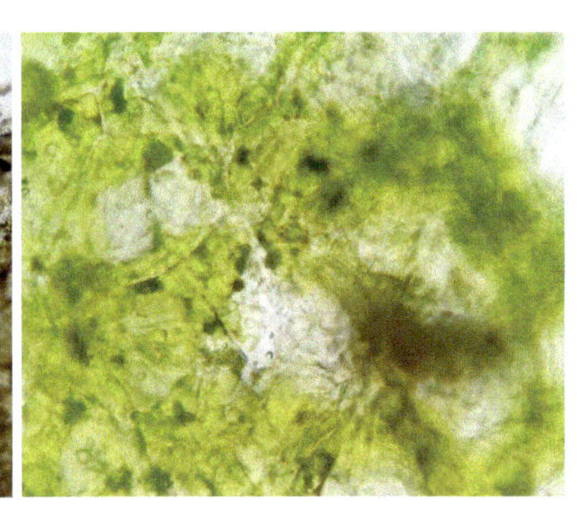

叶中部细胞

092 宽片叶苔 *Riccardia latifrons* (Lindb.) Lindb.

植物体中等大，匍匐丛生，鲜绿色。植物体不规则二至三回羽状分枝，有时呈掌状，末端小枝舌形。叶状体横切面扁平或腹面凸。雌雄同株。假蒴萼长棒槌形，表面有结节状凸起。芽孢生于叶状体末端背面，椭球形，由2个细胞构成。

生境： 多生于林下腐木上。

分布： 产于我国东北、西北、华东、华中、华南和西南；日本、朝鲜半岛、俄罗斯、欧洲、北美洲、大洋洲、萨摩亚群岛和美国（夏威夷）亦有分布。

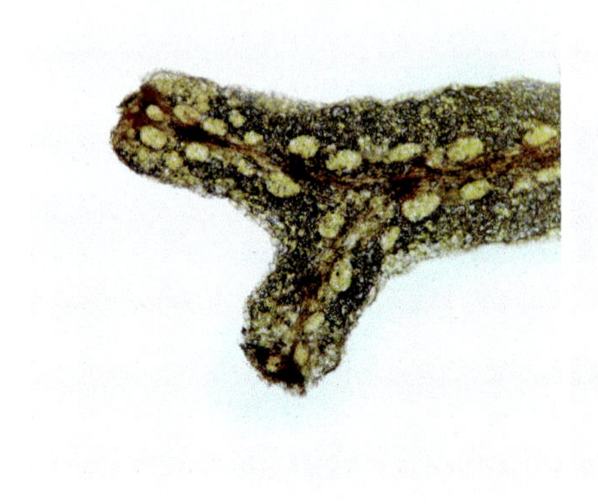

叶尖

全叶

生境照

093 片叶苔 *Riccardia multifida* (L.) Gray

植物体中等大，密集丛生，绿色至深绿色。植物体规则二至三回羽状分枝，分枝窄带形。叶状体横切面腹面凸。假蒴萼棒槌形，有结节状突起。孢蒴长椭圆形，黑褐色，熟后4瓣裂。

生境：多生于林下或沟谷潮湿土面或腐木上，有时生于溪边湿石上。

分布：产于我国东北、西北、华东、华中、华南和西南；广泛分布于世界温带地区。

生境照

全叶

叶中部细胞

094 羽枝片叶苔 *Riccardia submultifida* Horik.

植物体深绿色至褐绿色，干时褐黑色。多数规则密2-3次羽状分枝，分枝带形。叶状体的横切面腹面凸。叶状体边缘2-3列细胞较透明。油滴仅存于嫩枝先端，卵形，皮细胞和老细胞中没有。雌雄同株。雄枝侧生，棒状，具5-10对精子器。雌枝短，生于叶状体侧边，雌苞先端有不整齐裂片。假蒴萼棒槌形，有结节状凸起。孢蒴长椭圆形，黑褐色，成熟后4瓣裂，裂瓣先端有弹丝托，蒴壁细胞壁呈环状加厚。螺纹宽，红褐色。孢子平滑，淡黄色。

生境：多生于潮湿岩面上。

分布：产于我国湖北、台湾；中国特有种。

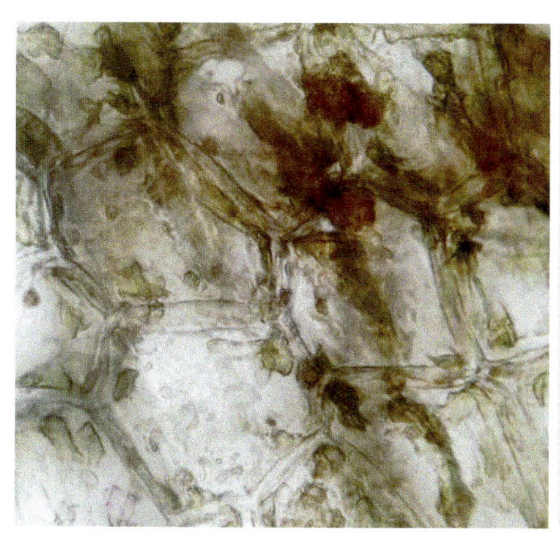

叶中部细胞

全叶

生境照

095 掌状片叶苔 *Riccardia palmata* (Hedw.) Carr.

植物体深绿色。叶状体老的部分常为褐色，匍匐，紧贴基质，分枝上升，多为掌状分生，先端圆钝。叶状体横切面为长片形或椭圆形，边缘细胞略小，皮部细胞小。油滴球形或椭圆形。雌雄同株。雌苞生于叶状体边缘，叶片中上部呈裂片状，先端多单细胞。

生境： 多生于林下树干基部或稀生于湿石上。

分布： 产于我国黑龙江、吉林、山东、新疆、浙江、湖北、江西、湖南、福建、台湾、香港、澳门、四川、云南；日本、俄罗斯、欧洲及北美洲亦有分布。

生境照

叶尖

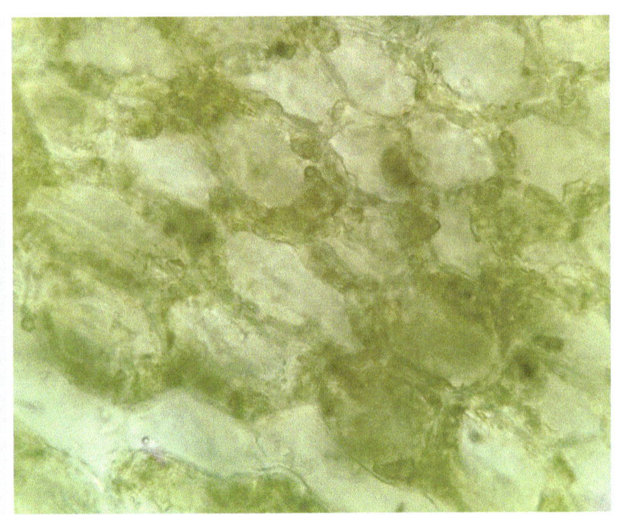

叶中部细胞

25. 叉苔科 Metzgeriaceae

096 平叉苔 *Metzgeria conjugata* Lindb.

植物体灰绿色，平铺蔓延丛生，叉状分枝。叶翼中部细胞壁薄或略加厚，三角体稍明显，中肋横切面两侧均弓形，腹面更明显，内部细胞10-20个。刺毛通常多数，沿边缘和腹面中肋着生，有时稀疏分散着生于腹面叶翼上，通常边缘成对。雌雄同株。雌枝和雄枝相间生于叶状体腹面中肋上。

生境： 多生于海拔500-1900 m的山区树干基部或湿土石面上。

分布： 产于我国黑龙江、吉林、湖北、台湾、贵州、云南等地；尼泊尔、日本、欧洲及美洲亦有分布。

生境照

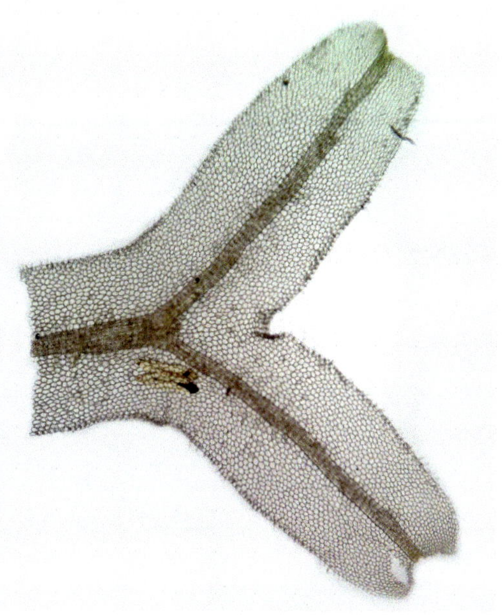

全叶

叶中部细胞

生境照

097 狭尖叉苔 *Metzgeria consanguinea* Schiffn.

植物体淡绿色或黄绿色，叉状分枝，顶部钝尖或呈锥形，有时呈长狭尖。刺毛生于叶状体边缘及腹面中肋处，边缘刺毛单一，腹面中肋有时数个刺毛分散着生。无性芽孢生于叶状体顶部，圆形或长圆形。腹面常具不定枝。叶翼细胞单层，壁薄，无明显的三角体。

生境： 多生于海拔900-1800 m的阔叶林下土壤上。

分布： 产于我国南部地区；朝鲜、日本、印度、印度尼西亚、巴布亚新几内亚、斯里兰卡和非洲亦有分布。

生境照

全叶

叶基细胞

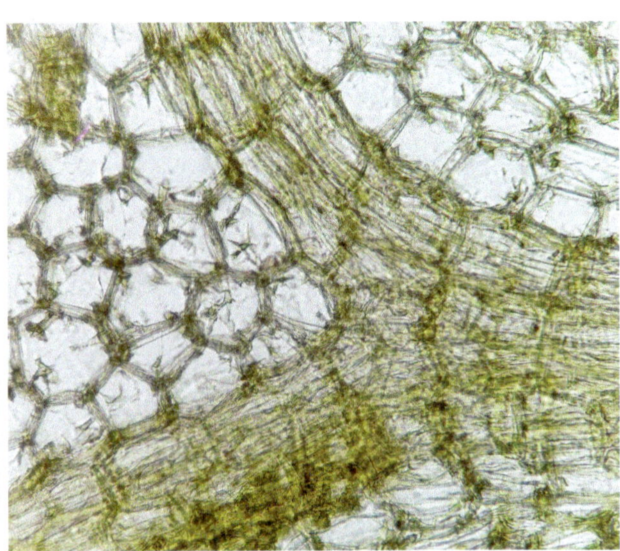

叶中部细胞

三 藓类植物

26. 泥炭藓科 Sphagnaceae

098 暖地泥炭藓 *Sphagnum junghuhnianum* Dozy & Molk.

植物体较粗大，淡褐白色，或带淡紫色。茎直立，细胞壁薄，具大型水孔，中轴黄棕带红色。茎叶大，呈长等腰三角形，上部渐狭，先端狭而钝，具齿，枝丛强枝，倾立。枝叶大型，下部贴生，呈长卵状披针形，渐尖，顶端钝，具细齿，具狭分化边，上段内卷；无色细胞长菱形，具多数膜褶及稍突出的螺纹。雌雄异株。雌苞叶较大，卵状披针形；孢蒴近球形；孢子散发后具狭口，赭黄色，具粗疣。

生境： 多生于海拔2000 m以下的暖热地区、沼泽地、潮湿林地、树干基部及腐木上。

分布： 产于我国浙江、江西、湖北、福建、台湾、广东、海南、广西、四川、贵州、云南、西藏等地；印度尼西亚、菲律宾、马来西亚、泰国、尼泊尔、印度北部、喜马拉雅地区及日本亦有分布。

生境照

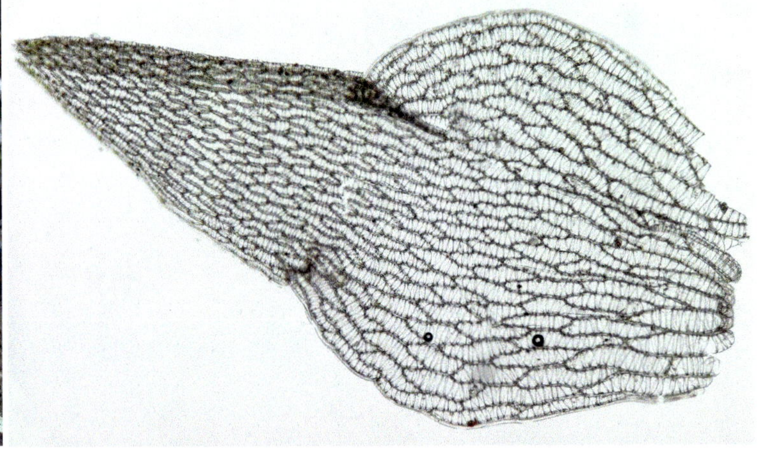

全叶

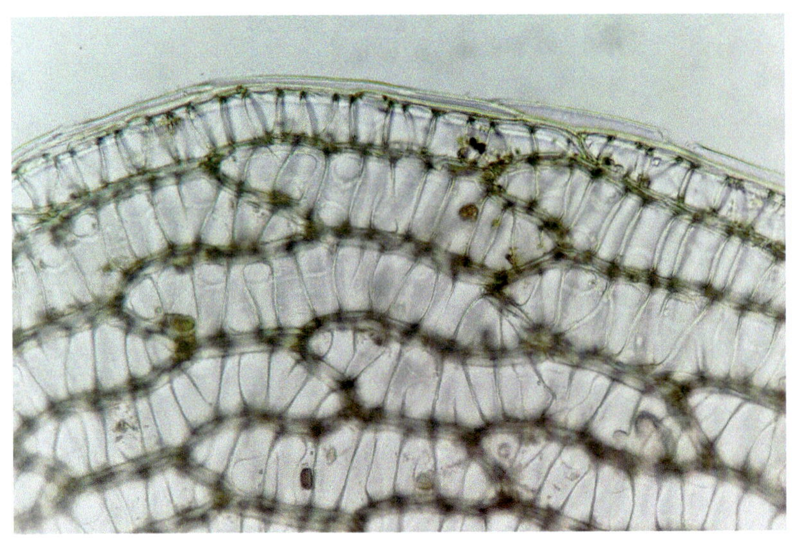

叶缘细胞

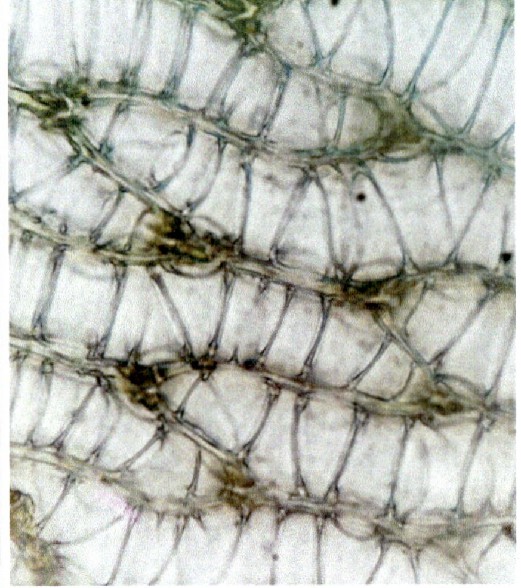

叶片细胞

099 泥炭藓 *Sphagnum palustre* L.

植物体黄绿或灰绿色，有时略带棕色或淡红色。茎直立，表皮细胞具螺纹，中轴黄棕色。茎叶阔舌形，上部边缘细胞有时全部无色，形成阔分化边缘。枝丛3-5枝，其中2-3强枝，多向倾立。枝叶卵圆形，内凹，先端边内卷。雌雄异株。雄枝黄色或淡红色。雌苞叶阔卵形，叶绿色，具分化边；孢子呈赭黄色。

生境：多生于沼泽地、潮湿林地及草甸地上，有时也见于沟边湿地上及土坡或岩壁上。

分布：产于我国黑龙江、吉林、安徽、浙江、湖北、湖南等地；日本、俄罗斯、菲律宾、印度尼西亚、泰国、印度、不丹、尼泊尔、欧洲、北美洲、南美洲、大洋洲亦有分布。

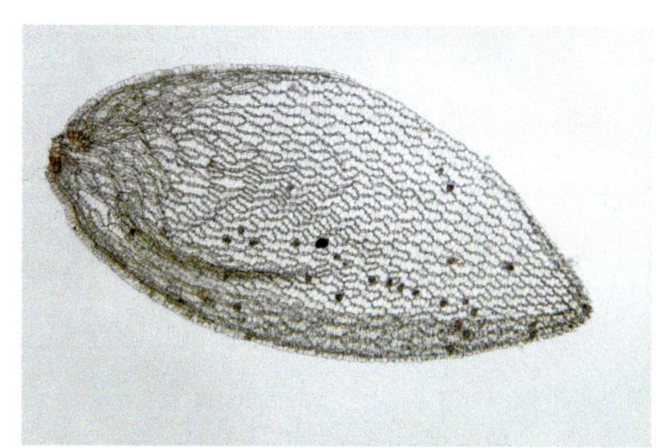

全叶

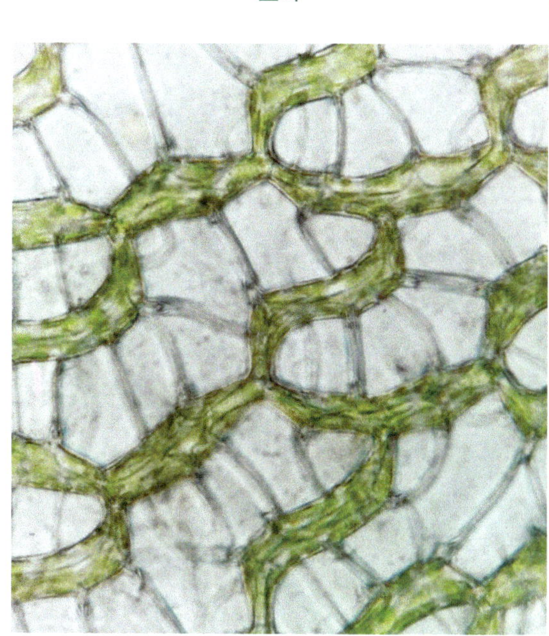

叶片细胞

生境照

27. 金发藓科 Polytrichaceae

100 苞叶小金发藓 *Pogonatum spinulosum* Mitt.

植物体型较小，黄绿色，散生于成片绿色长存原丝体上。茎单一，仅基部着生假根；无中轴分化。叶呈鳞片状，腹面无栉片，黄棕色，稀具叶绿体。基叶卵形，上部锐尖或渐尖，近尖部具不规则齿或粗齿；中肋消失于叶尖。雌雄异株。雌苞叶披针形或狭椭圆形，渐成钝尖；叶边全缘。蒴柄直立，常扭曲。蒴盖圆锥形，具短直喙。孢蒴直立，圆柱形，有时略呈弓形；蒴齿略不规则，狭长椭圆形或披针形，尖部圆钝或平截，有时浅2裂。蒴帽长密被纤毛。雄株不明显，芽孢状。

生境：多生于低海拔阴湿土坡、土壁和林地上。

分布：产于我国黑龙江、吉林、山东、江苏、安徽、湖北、江西、湖南、四川、贵州、云南等地；朝鲜、日本和菲律宾亦有分布。

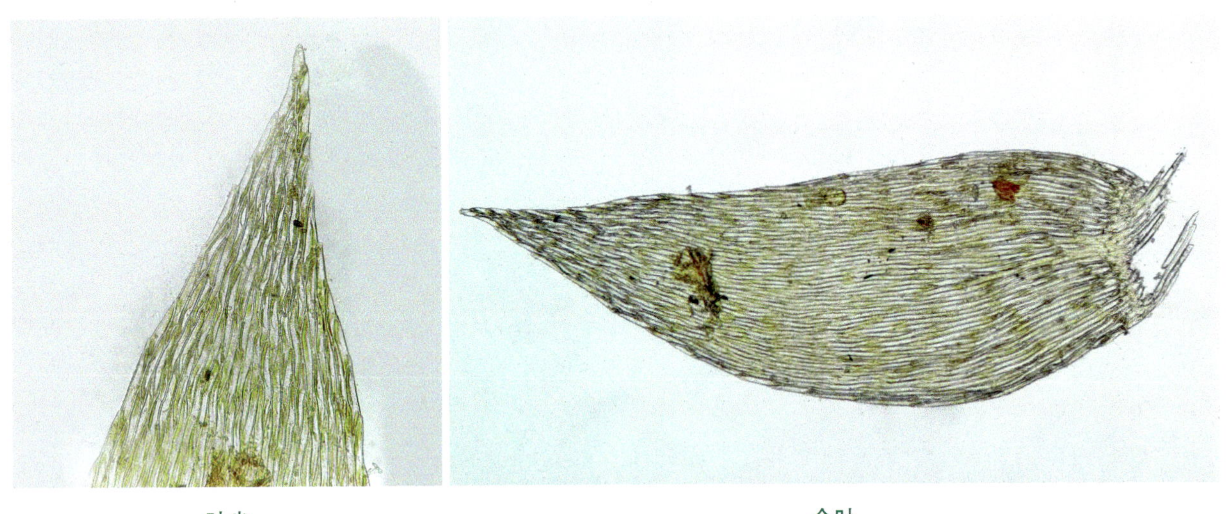

叶尖　　全叶

生境照

101 东亚小金发藓 *Pogonatum inflexum* (Lindb.) Sande Lac.

植物体中等大小，灰绿色，老时呈褐绿色，往往呈大片群生。茎多单一，下部叶疏松，三角形或卵状披针形，上部叶簇生，内曲，干时卷曲，湿时舒展，由卵形鞘状基部向上呈披针形，鞘部上方强烈收缩并略反曲，尖部锐尖并内曲；叶边略内曲，单层细胞，上部具粗齿；中肋带红色，背面上半部密被锐齿；栉片多数，密生叶片腹面。雌雄异株。蒴柄一般单出，红褐色。孢蒴直立或近于直立，圆柱形，中部较粗。蒴齿钝端，基膜高出。雄苞叶阔卵形，短尖。雄株与雌株常出现在同一环境中，但常形成不同的群丛。

生境： 多生于温暖湿润林地和路边阴湿土坡上。

分布： 产于我国湖北、安徽、福建、广西、四川、贵州、云南；朝鲜和日本亦有分布。

生境照

全叶

叶尖

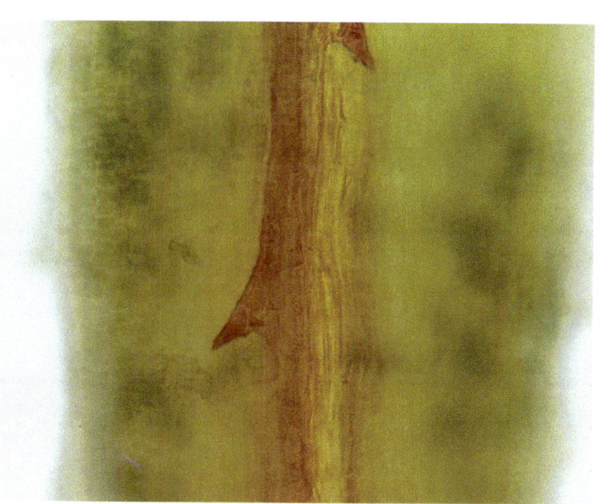

叶中肋

102 硬叶小金发藓 *Pogonatum neesii* (Müll. Hal.) Dozy

植物体较小，不分枝。上部叶片湿时倾立，干时内曲，由不明显鞘部向上呈披针形；叶边平展，单层细胞，具锐齿，顶端细胞棕色；中肋带绿色，背部上方1/3被齿；栉片约45列，高3-4个细胞，稀达6个细胞，顶细胞稀分化，呈椭圆形或圆方形，略呈圆钝。雌雄异株。蒴柄单出，高15-25 mm，暗褐色。孢蒴短圆柱形，外壁具乳头。蒴齿长约0.2 mm，基膜低。蒴盖长约1 mm。蒴帽长约4 mm。孢子直径约12 μm，平滑。

生境：多生于湿热地区林地和树基上。

分布：产于我国湖北、云南；朝鲜和日本亦有分布。

生境照

全叶

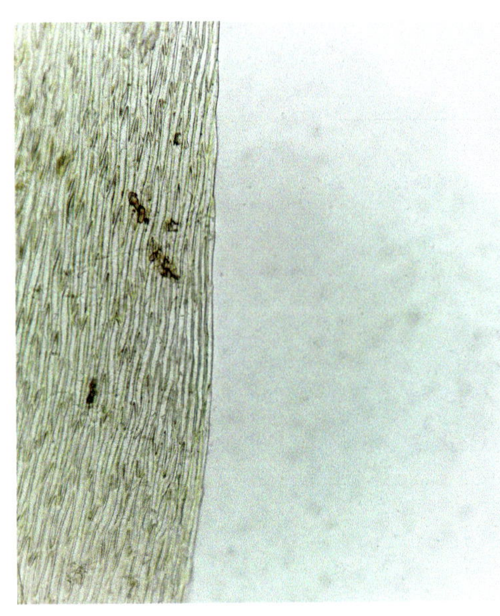

叶缘细胞

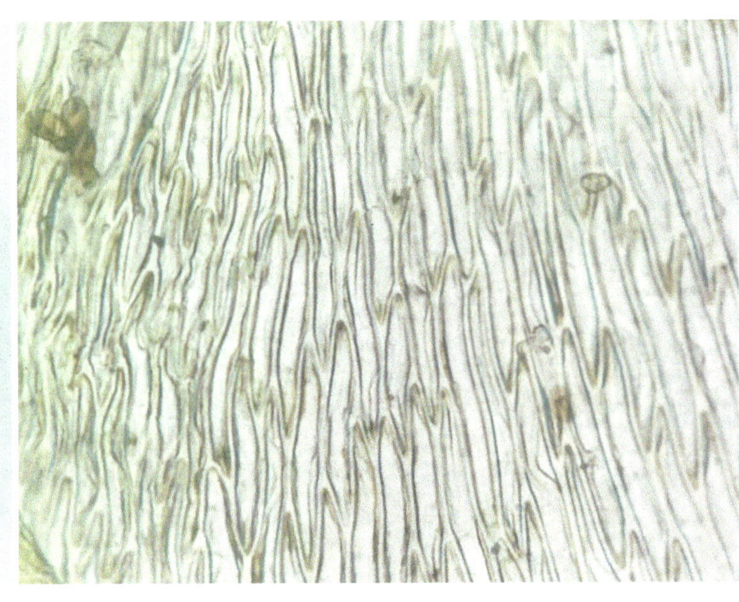

叶片细胞

103 疣小金发藓 *Pogonatum urnigerum* (Hedw.) P. Beauv.

植物体中等大小，上部呈灰绿色，基部带棕色，呈片状丛集生长。茎上部具2-3分枝。下部叶片卵状披针形，上部叶片干时贴茎生长，湿时倾立或略背仰，由卵状鞘部向上突收缩成披针形叶片，尖部突出成刺；叶边多内曲，上部边缘为单层细胞，具粗齿；中肋背部具少数粗齿，腹面纵列数十条栉片，高4-6个细胞，顶细胞带棕色，圆形至卵形，胞壁加厚，具粗疣。雌雄异株。蒴柄棕红色或棕色。孢蒴圆柱形，胞壁细胞具乳头状突起。蒴齿棕红色，钝端。孢子小，直径10-15 μm。

生境：多生于较干燥、强阳光林地或石壁上，但不多见于高海拔山区。

分布：产于我国吉林、辽宁、河北、河南、陕西、甘肃、湖北、四川、贵州、云南等地；广布于北半球，但不见于高海拔山区。

全叶

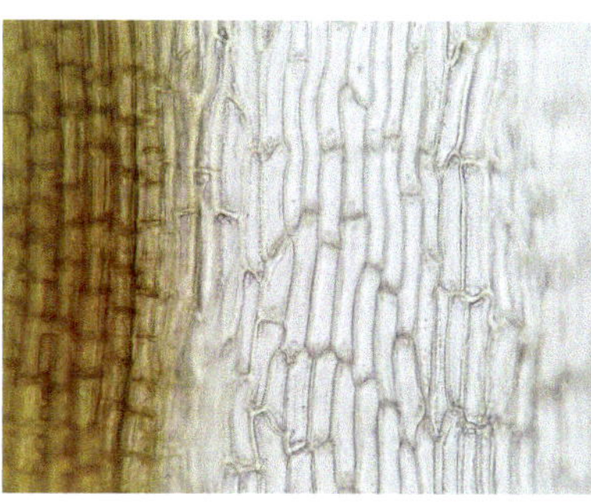

叶片细胞

生境照

104 南亚小金发藓 *Pogonatum proliferum* (Griff.) Mitt.

体形粗大，褐绿色，常成大片群生。茎单一，稀上部分枝；基部叶小而呈鳞片状，上部叶略呈鞘状至披针形，干时扭曲或略卷曲，湿时倾立，具锐尖；叶边具多个细胞形成的锐齿；中肋棕色，背面尖部具齿；栉片稀少，仅着生中肋腹面，高仅1-2个细胞，卵圆形，细胞壁薄，平滑，顶细胞略长。叶基部细胞长方形至方形，上部细胞不规则至圆六角形，壁厚。雌雄异株。蒴柄暗棕色，单出。孢蒴倾立，长卵形至圆柱形，褐色，平滑。蒴齿32片，具暗褐色条纹。蒴帽密被橙黄色长纤毛。蒴盖具喙。

生境：多生于山地林下或林边。

分布：产于我国湖北、台湾、广西、四川、贵州、云南；尼泊尔、不丹、印度、缅甸、泰国、越南和菲律宾亦有分布。

生境照

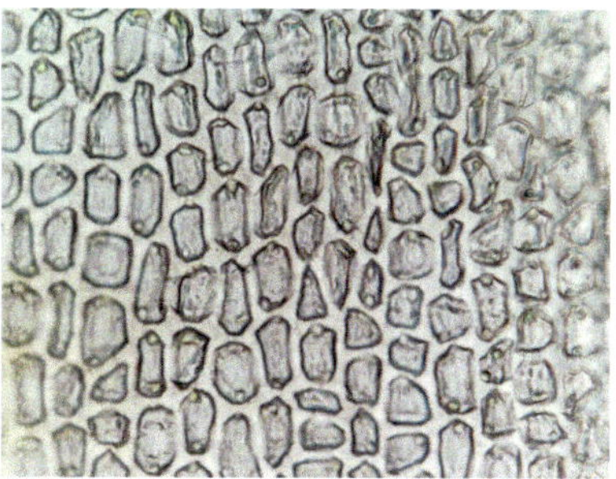

叶片细胞

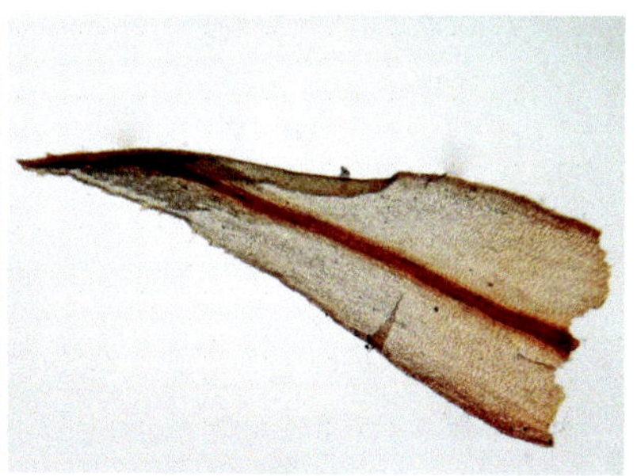

全叶

105 金发藓 *Polytrichum commune* Hedw.

植物体型大或中等大小，暗绿色至棕红色，硬挺，丛生或散生。茎多单一，基部常密生假根，干时叶片多平直，基部抱茎，上部密集簇生，下部常鳞片状。叶片披针形，基部鞘状；叶边具锐齿，中肋宽阔，突出于叶尖；叶腹面栉片30-50列，顶细胞先端明显内凹，略宽于下部细胞。雌雄异株。孢蒴四棱柱形，具明显台部，并具气孔，蒴壁一般具突起。蒴齿64片，具薄的基膜；环带分化。蒴盖具短喙，易脱落。蒴帽兜形，密被金黄色纤毛。蒴柄硬挺，红棕色，直立或倾立。孢子球形，具细疣。

生境： 多生于山坡路边或林地。

分布： 产于我国吉林、内蒙古、湖北、四川、云南；在全世界广泛分布。

植株孢蒴

生境照

全叶

叶中部

106 桧叶金发藓 *Polytrichum juniperinum* Hedw.

植物体中等至大型，暗绿色至红棕色。茎单一或具分枝，干时叶紧贴生长或略伸展，湿时叶倾立。叶片呈长卵状披针形，上部披针形，基部鞘状；叶边全缘，上部边缘通常强烈内卷，遮盖腹面栉片；中肋宽，突出叶尖呈赤色芒尖，芒尖上具多数刺。侧面观先端常具圆齿，顶细胞梨形，先端细胞壁厚或壁薄，稍长于下部细胞。叶边细胞略宽，中部细胞常为扁形，多厚壁；鞘部细胞狭长方形。雌雄异株。孢蒴四棱柱形，具台部，具薄的盖膜，环带分布。蒴盖具长喙，易脱落。蒴帽大，兜形，密被金黄色纤毛。孢子球形，表面具细疣。

生境：多生于较阴湿的林地上。

分布：产于我国吉林、内蒙古、新疆、湖北、四川、云南、西藏；巴基斯坦、朝鲜、日本、俄罗斯、印度、秘鲁、智利、非洲、欧洲、北美洲、南太平洋亦有分布。

生境照

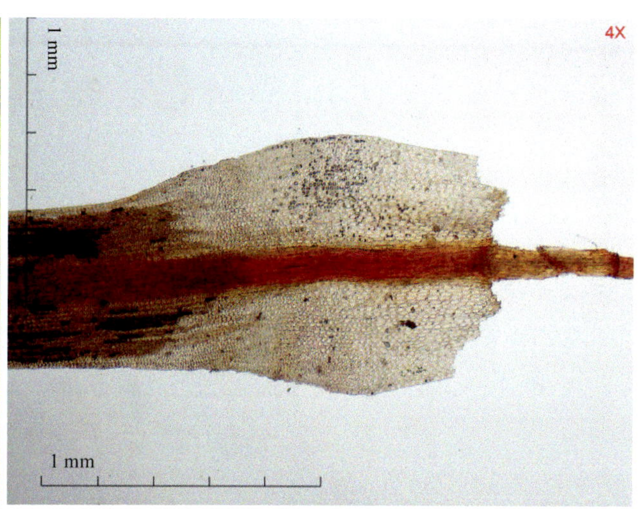

叶基部

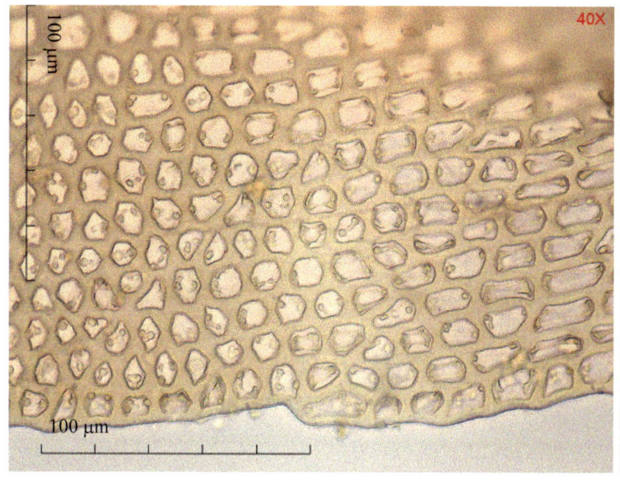

叶中部细胞

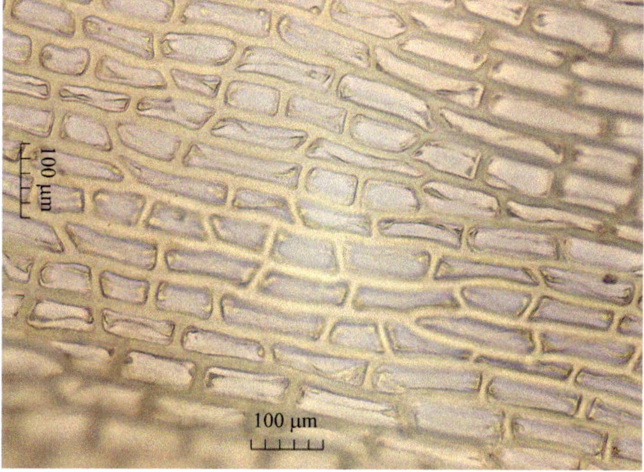

叶基细胞

107 狭叶仙鹤藓 *Atrichum angustatum* (Brid.) Bruch & Schimp.

植物体中等大小。茎多单一。叶长剑形，具披针形尖，背面具斜列棘刺，干时常强烈卷曲，湿时倾立；叶边有时具双齿，有1-2列狭长细胞的边缘；单中肋长达叶尖部；叶中部细胞小，不规则或卵方形，下部细胞渐呈方形或稍长。雌雄异株。孢蒴单生，长圆柱形，略弯曲，一般倾立。蒴盖圆锥形，具长斜喙。孢子小，球形，表面具细疣。

生境：多生于潮湿的路边和林地上。

分布：产于我国湖北、四川；欧洲和北美洲亦有分布。

生境照

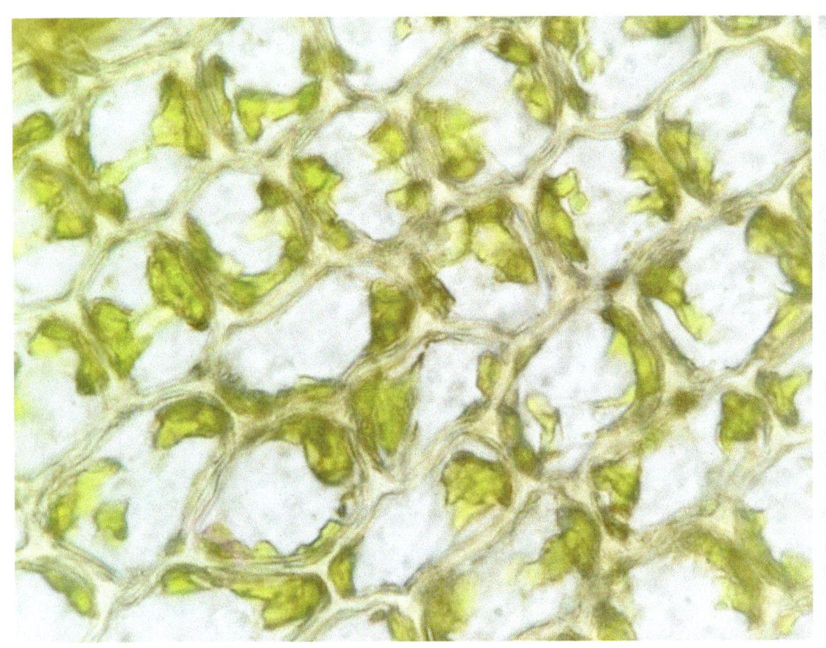

叶片细胞

全叶

108 小仙鹤藓 *Atrichum crispulum* Schimp. ex Besch.

植物体较大，绿色至暗绿色，生于湿土或岩面。茎通常单一。叶长舌形或剑头形，中上部最宽，背面具少数斜列的棘刺，具披针形短尖；干时常强烈卷曲，湿时倾立；叶中部细胞一般近六边形，基部细胞方形或长方形；叶边常具双齿，有1-3列狭长细胞的边缘；单中肋长达近叶尖部；栉片多数2-6列，高一般为1-3个细胞。雌雄异株。蒴柄棕红色，细长，直立。孢蒴长圆柱形，略弯曲，单生，多数倾立。蒴齿单层，棕红色，具中脊。蒴盖圆锥形，多具长喙。蒴帽兜形，尖部具少数细毛。孢子球形，黄绿色，表面具细疣。

生境： 多生于较潮湿的路边、林地或土面。

分布： 产于我国辽宁、江苏、上海、浙江、湖北、重庆、四川、贵州等地；韩国、日本、泰国亦有分布。

生境照

全叶

叶尖

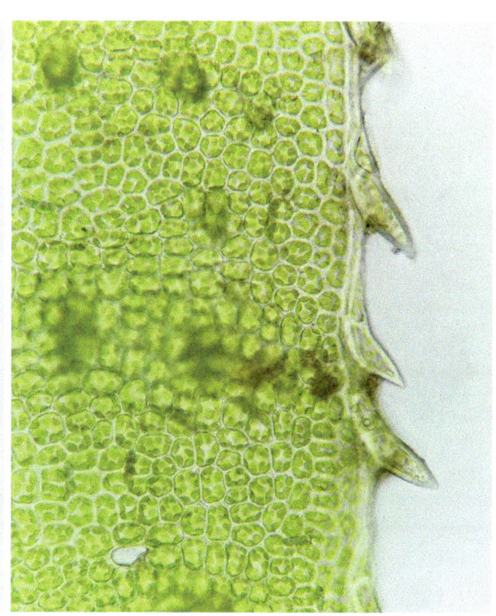

叶缘细胞

109 仙鹤藓多蒴变种 *Atrichum undulatum* var. *gracilisetum* Besch.

植物体较小至中等大小。茎单一或少分枝。叶长舌形，中部以上稍宽或不明显，具披针形尖，背面具斜列棘刺，干时常强烈卷曲，湿时常具斜向波纹；叶中部细胞多为椭圆形，下部细胞长方形；叶边常具1-3列狭长细胞构成的边缘，具双齿；单中肋长达叶尖；栉片一般4-5列，多数高3-6个细胞，仅生于中肋腹面。雌雄异株。蒴柄细长，直立。孢蒴长圆柱形，多2-5个丛生。蒴齿单层，齿片32。蒴盖圆锥形，具长喙。蒴帽兜形。孢子球形，表面具细疣。

生境：多生于较潮湿的路边、林地或岩面上。

分布：产于我国黑龙江、吉林、辽宁、陕西、湖北、四川、云南；朝鲜、日本、喜马拉雅地区等北半球大部分地区亦有分布。

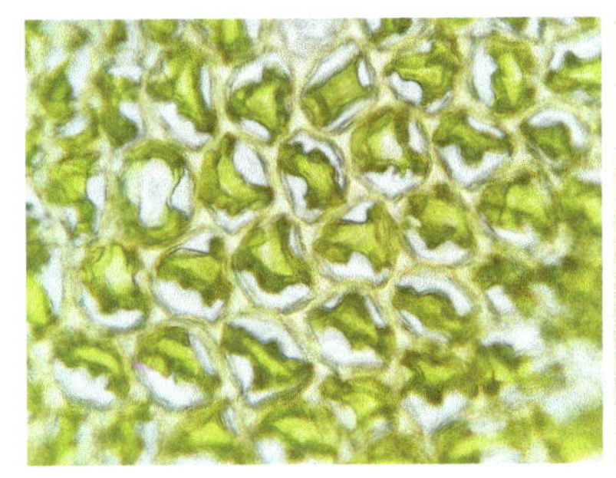
叶片细胞

全叶

生境照

110 东亚仙鹤藓 *Atrichum yakushimense* (Horik.) Mizut.

植物体较小，绿色、暗绿色至棕绿色，一般土生。茎单一。叶长舌形，最宽处于中部以上，具短或长的披针形尖，背面散生棘刺；干时卷缩，湿时倾立，不具波状皱褶。叶中部细胞多为卵圆形，壁略厚，常具三角体，基部细胞多为方形或长方形；叶边具1-2列狭长细胞，常具双齿；单中肋常达叶近尖部；中肋腹面栉片退化。雌雄异株。蒴柄直立。孢蒴长圆柱形，略弯曲，一般单生。蒴齿单层，齿片32。蒴盖圆锥形，具长喙。蒴帽兜形，平滑，先端具少数短毛。孢子球形，表面具细疣。

生境：多生于较潮湿的路边、林地或岩面上。

分布：产于我国安徽、湖北、云南；日本亦有分布。

生境照

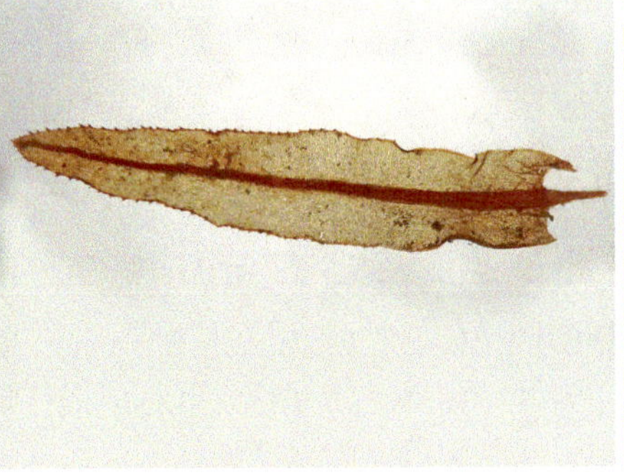
全叶

叶片细胞

28. 短颈藓科 Diphysciaceae

111 短颈藓 *Diphyscium foliosum* (Hedw.) D. Mohr

植株矮小，高约1 cm，极少分枝，散生或群集于岩石或地面上。茎一般仅1-2 mm，密集着生叶片。叶长舌形，上部常略呈兜状，具披针形尖、小突尖或呈钝尖；中肋强劲，不达叶尖。叶中上部细胞卵圆形或卵状方形，两层，叶边具圆齿突，细胞壁略厚；基部细胞渐长，方形、矩形、多边形或不规则形，平滑，透明，壁薄。雌雄异株。中肋粗壮，突出叶尖呈长芒状。蒴柄极短。孢蒴斜卵形，不对称，黄绿色至棕色，口部狭窄，隐生于雌苞叶内。孢子一般黄色，具细密疣。

生境：散生或群集于林下岩面、倒木或林地上。

分布：产于我国湖北、湖南、台湾、四川；日本、俄罗斯、高加索地区、欧洲、北美洲亦有分布。

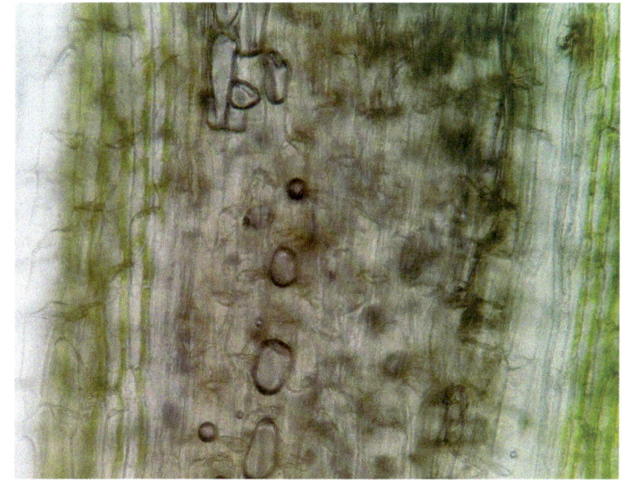

叶缘

生境照

全叶

生境照

112 东亚短颈藓 *Diphyscium fulvifolium* Mitt.

植株略高，0.5-2 cm，单生，极少分枝，鲜绿色、深绿色至暗绿色，有时呈黄褐色。叶片稍大，多为长舌形，具短突尖，密集着生，干时略卷缩，湿时伸展；叶边近于全缘或具圆齿突；中肋强劲，突出叶尖或近叶尖部消失。雌雄异株。蒴柄极短，黄绿色至深棕色，口部狭窄，隐没于雌苞叶中。蒴盖钟形，顶端稍钝。蒴帽长钟形，罩覆蒴盖。孢子一般黄色，具细密疣。

生境：多散生或群集于具土岩面、朽木或林地上。

分布：产于我国江苏、安徽、湖北、江西、湖南、福建、台湾、广东、广西、重庆、四川、贵州、云南；日本、朝鲜和菲律宾亦有分布。

全叶　　叶尖　　生境照

29. 葫芦藓科 Funariaceae

113 立碗藓 *Physcomitrium sphaericum* (Ludw.) Fuernr.

植物体稀疏丛生，淡绿色。叶椭圆形或卵圆形或倒卵形或匙形，叶先端渐尖，叶边多全缘，或上部疏被钝齿；中肋长达叶尖，或具突出的小尖头。蒴柄红褐色，蒴盖脱落后呈碗状，具短的台部；蒴盖锥形，先端具短的突起；蒴帽基部瓣裂。孢子黑褐色，圆球形，壁上密被小的刺状突起。

生境：多生于林地、路边及沟边湿土上，也长在田边地角及潮湿的墙壁或土壁上。

分布：产于吉林、江苏、上海、湖北、福建、四川、贵州、西藏；俄罗斯（远东地区）、欧洲及北美洲亦有分布。

生境照　　叶尖细胞　　全叶

114 葫芦藓 *Funaria hygrometrica* Hedw.

植物体从集或大面积散生，呈黄绿带红色。茎单一或自基部分枝。叶往往在茎先端簇生，干时皱缩，湿时倾立，呈阔卵圆形、卵状披针形或倒卵圆形，先端急尖，叶边全缘，两侧边缘往往内卷；中肋至顶或突出；叶细胞壁薄，呈不规则长方形或多边形。雌雄同株异苞。蒴柄细长，淡黄褐色；孢蒴梨形，多垂倾；蒴帽兜形，先端具细长喙状尖头，形似葫芦瓢状。孢子圆球形。

生境：多生于田边地角或房前屋后富含氮肥的土壤上，也多见于林间火烧迹地上，在林缘、路边、土地及土壁上也常见。

分布：国内大部分地区有分布，为世界各洲泛生种。

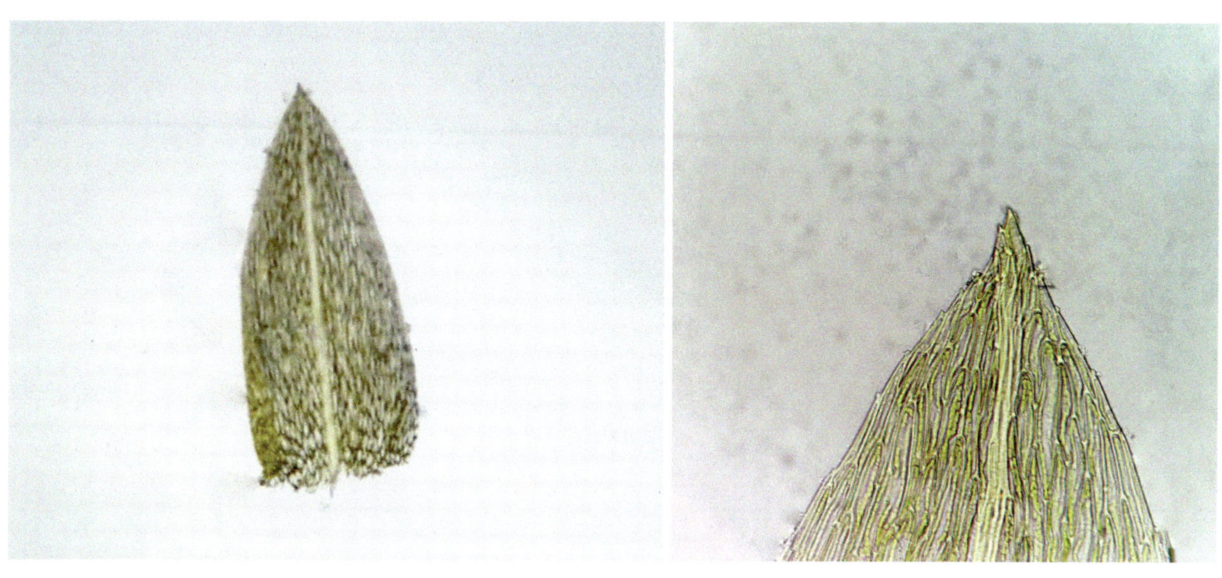

全叶　　叶尖

生境照

30. 缩叶藓科 Ptychomitriaceae

115 中华缩叶藓 *Ptychomitrium sinense* (Mitt.) A. Jaeger

植物体矮小，绿色或褐绿色，常呈小圆形垫状藓丛。茎单一或稀分枝，具明显分化中轴，叶干时强烈卷缩，湿时伸展倾立，先端略内弯，披针形或长披针形，基部阔平，上部略内凹。中肋强劲，在叶端前消失。叶缘平直，无齿；雌雄同株。雄器苞常见于雌苞下方。孢蒴直立，长椭圆形或长圆柱形，蒴齿单层，淡黄色，短线披针形，先端钝，2裂几达基部。蒴帽钟形，包盖至孢蒴基部，表面具纵褶，基部有裂片。孢子黄绿色。

生境：多生于花岗石岩面上。

分布：产于我国黑龙江、吉林、辽宁、北京、河北、河南、山东、陕西、江苏、上海、浙江、湖北、湖南；朝鲜、日本亦有分布；为东亚特产种。

生境照

叶尖细胞

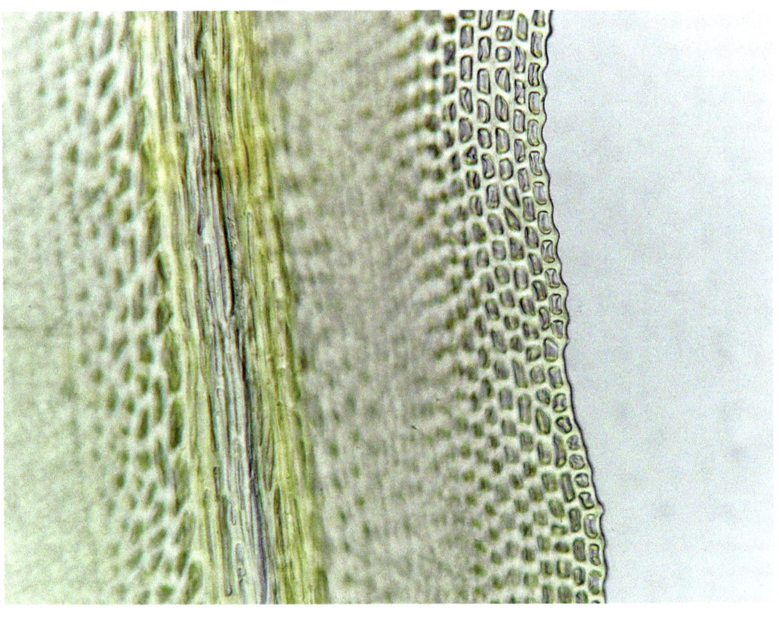

叶缘细胞

116 多枝缩叶藓 *Ptychomitrium gardneri* Lesq.

植物体粗壮，上部绿色或黄绿色；下部黑褐色，丛生。茎上部多数分枝，常向一边倾立，具分化中轴。叶干时扭曲，湿时展开倾立，基部宽，阔长形，向上呈披针形，龙骨状背凸，先端具阔尖，中肋单一，强劲，达叶尖或在叶端前消失；叶缘中下部背卷，上部具多细胞不规则齿。雌雄同株。雌苞叶与茎叶同形。蒴柄直立，较长，黄色或黄褐色，上部扭曲；孢蒴直立，长椭圆形，黄色或黄褐色，蒴齿单层，短披针形，环带分化。蒴盖具直长喙。蒴帽钟形。孢子球形，黄褐色，具密瘤。

生境： 多生于岩石面或岩面薄土上。

分布： 产于我国湖北、湖南、四川、贵州、云南、西藏；中国特有种。

全叶　　叶尖

生境照

31. 牛毛藓科 Ditrichaceae

117 黄牛毛藓 *Ditrichum pallidum* (Hedw.) Hamp.

植物体丛生，黄绿色或绿色，高0.5-1 cm，略具光泽。茎直立，多单一不分枝，基部具稀疏假根。叶呈簇状，多向一边弧形弯曲，基部长卵形，向上渐成细长叶尖，先端具齿突；中肋基部宽阔、扁平，充满叶上部。雌雄同株。雌苞叶基部鞘状，略大于茎叶。雄苞叶小，芽状，生于茎上部叶腋。蒴柄细长，黄色或红褐色；孢蒴长卵形，略向一边弯曲，不对称，黄褐色，蒴口收缩变小；蒴盖圆锥状，略呈喙状。蒴帽兜形。孢子圆球形。

生境： 多生于山地土坡或土壁上。

分布： 产于山东、河南、江苏、安徽、浙江、湖北、江西、湖南、广东、贵州、云南、西藏；日本、欧洲、北美洲东部、非洲中部亦有分布。

生境照

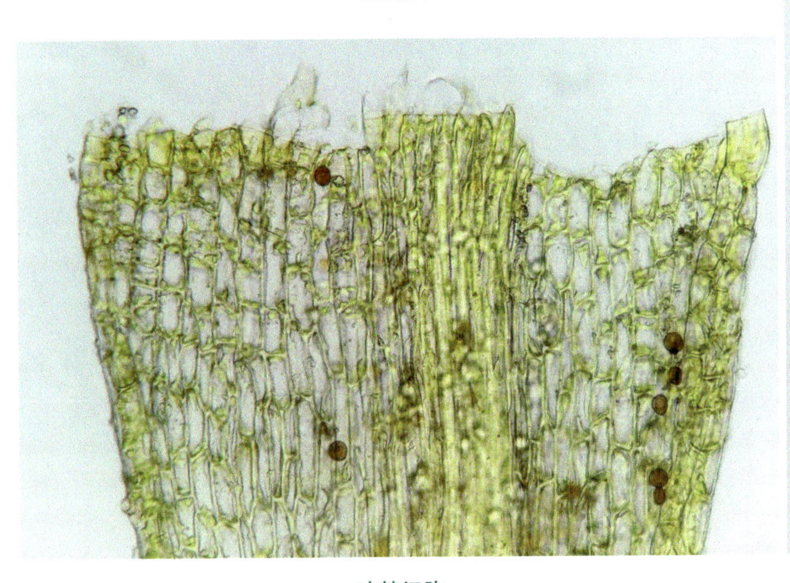

叶基细胞

全叶

32. 树生藓科 Erpodiaceae

118 细鳞藓 *Solmsiella biseriata* (Aust.) Steere

植物体纤细，绿色至灰绿色，紧贴基质，稀疏生长，形似树干附生的苔类。茎匍匐，不规则分枝，枝条短而扁平，腹面有少数假根。具明显背、腹叶分化，两侧各2列；侧叶近于卵圆形，先端圆钝，两侧不对称，背侧边缘呈圆弧形，腹侧近于平直，基部略内折斜展。雌雄同株。雌苞于短枝上顶生，雌苞叶稍大，直立，卵形披针形，先端圆钝，略内卷。蒴柄略高出苞片。孢蒴圆柱形，黄白色，无蒴齿。蒴盖圆锥形，具短喙。孢子细小，表面具疣。

生境：多生于林下树上。

分布：产于我国湖北、台湾、广东、贵州；泰国、斯里兰卡、印度、爪哇、澳大利亚、非洲（坦桑尼亚）、北美洲和中南美洲亦有分布。

生境照

叶片细胞

全叶

生境照

33. 曲尾藓科 Dicranaceae

119 山毛藓 *Oreas martiana* (Hopp. & Hornsch.) Brid.

植物体密集丛生，由褐色假根交织成垫状，藓丛内部逐年层次明显。茎直立，分枝，按年次密生假根。叶片长达3 mm，从宽的基部向上呈长披针形，直立，叶边全缘内卷，仅尖部有粗齿。中肋细，色深，达于先端终止或突出成毛尖状；叶基部细胞长方形，近中肋变长宽，渐向边缘变短方形，上部细胞不规则方形，尖部细胞长。雌雄异株。蒴柄亮褐色，干时常呈鹅颈状。孢蒴卵形对称，干时有明显纵条纹，褐色，悬垂。蒴齿生于蒴口内下方。孢子黑褐色，有粗疣。

生境： 多生于山区岩面薄土上。

分布： 产于我国陕西、湖北、四川；中国特有种。

全叶

生境照

120 曲背藓 *Oncophorus wahlenbergii* Brid.

植物体密集丛生，黄绿色，基部褐绿色，有光泽。茎直立或倾立，高达5 cm，多分枝，横切面圆形。叶片长达8 mm，基部狭，阔鞘状，从最宽的肩部突然变细成细长毛尖，干时卷缩；叶边平直，全绿，尖部有齿突；中肋色深，达于叶尖或有短突出；叶基部阔长方形，较透明，上部细胞小，短方形，壁厚，边缘细胞小方形，尖部细胞长方形。雌雄同株。蒴柄顶生直立，褐色。孢蒴长椭圆形，凸背状，基部有骸突，黄褐色。

生境照

生境： 多生于山区或林下腐木上，稀生于岩面薄土上。

分布： 产于我国黑龙江、吉林、辽宁、内蒙古、河北、陕西、湖北、台湾、四川、云南、西藏；朝鲜、日本、俄罗斯、印度、欧洲、北美洲亦有分布。

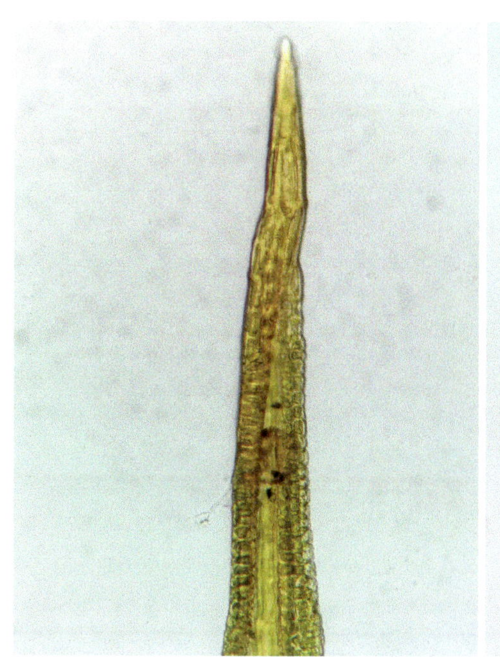

叶尖

叶基细胞

121 大曲尾藓 *Dicranum drummondii* Müll. & Hal.

植物体大，疏丛生，绿色，具光泽。茎直立或倾立，分枝，被覆褐色假根。叶片多列着生，中上部一向弯曲，或略呈镰刀形弯曲，基部收缩，渐呈宽披针形，上部内卷成管状，背面有低疣；叶边平直，上部双层细胞，有双列细齿；中肋细，达于叶尖先端突出，先端背面有锐齿，无栉片；叶片基部细胞短矩形，壁厚，具壁孔。蒴柄黄色，孢蒴短柱形，倾立或平列，干时稍弓形背曲，黄褐色。孢子粒状，成熟于夏季。

生境：多生于针叶林或针阔叶混交林下，土生或岩面薄土生。

分布：产于我国吉林、陕西、湖北、四川、贵州、西藏；俄罗斯和欧洲亦有分布。

生境照

叶尖

叶基细胞

生境照

122 长蒴藓 *Trematodon longicollis* Michx.

植物体小，绿色或黄绿色，松散丛状。茎单一或稀疏分枝，具中轴。叶干时卷曲，湿时弯曲伸展，基部抱茎，长形或卵长形，向上渐窄成线条形，先端钝；叶缘上部部分外卷；中肋单一强劲，及顶；叶中上部细胞短长方形至长方形；基部细胞长形，稀疏，壁薄。雌雄同株。雌苞叶大于上部茎叶。蒴柄直立，黄色或黄褐色；孢蒴长圆筒形，上部有时弯曲；蒴台部细长，长度变化较大，2-6 mm，为壶部长的2-4倍，基部具骸突；蒴齿单层，线披针形，分叉或具裂孔至下部，上部具细疣，中下部具加厚纵条纹；环带分化，由厚壁细胞组成。蒴帽兜形。蒴盖具细长斜喙。孢子圆球形，黄绿色，约20 μm，表面具瘤。

生境：多生于土坡或平地土面上。

分布：产于我国辽宁、山东、江苏、安徽、浙江、湖北、江西、湖南、福建、广东、广西、四川、贵州、云南、西藏；日本、缅甸、菲律宾、新几内亚、南非、古巴、墨西哥、新西兰亦有分布。

生境照

叶基

全叶

123 长叶曲柄藓 *Campylopus atrovirens* De Not.

植物粗大，密集丛生，下部黄绿色或黑绿色，上部油绿色。茎直立或倾立，单一或叉状分枝，高2-10 cm，常一向偏曲。叶直立，干时贴茎，湿时伸展，常一向偏曲，从角细胞最宽的基部渐向上呈细披针形钻状；边缘内卷成管状，有透明长毛尖；中肋粗壮，下部宽度为叶片的1/4-1/3，上部几全为中肋所占，先端突出，呈芒状长尖，无色，叶片中肋横切面背侧具厚壁层。叶片细胞长方形，近中肋阔长方形，向边缘渐狭，壁稍薄，向上很快变成纺锤形或椭圆形，中上部呈狭纺锤形，厚壁有壁孔。雌雄异株。孢子体顶生。蒴柄鹅颈形弯曲，干时直立。孢蒴卵柱形。

生境：多生于林边或路旁岩面薄土或土壁上。

分布：产于我国陕西、安徽、浙江、湖北、江西、湖南、广东、福建、广西、贵州、西藏；尼泊尔、日本、欧洲和北美洲亦有分布。

生境照

叶基

叶尖

124 脆枝曲柄藓 *Campylopus fragilis* (Brid.) Bruch & Schimp.

植物体长达2 cm，黄褐色。茎直立，分枝，基部有假根交织，先端有众多芽叶形成头丛，上部芽叶容易脱落。叶片直立，干时贴生，基部阔披针形，向上渐呈披针形长叶尖，尖部易折断，先端有齿；叶边内卷，全缘平滑；中肋宽，约占基部宽的1/2，下部背面平滑，上部有纵条突起。中部横切面有中央主细胞，背面有较小的厚壁细胞层，腹面有一层大薄壁细胞。基部细胞长方形或不规则长方形、壁薄、透明，角细胞不明显，中上部细胞长方形。

生境：多生于林下或路边腐木和湿土上或岩面上。

分布：产于我国湖北、台湾、海南、贵州、云南；日本、朝鲜、俄罗斯（远东地区）、欧洲、北美洲均有分布。

叶缘

全叶

生境照

125 湿生曲柄藓 *Campylopus irriggatus* Ther.

植物体丛生，下部黑绿色，上部深绿色，无光泽。茎直立，不分枝或叉状分枝，生殖枝顶端生，叶簇状。叶片直立，干时贴生，湿时伸展倾立，基部中肋常生有红褐色假根，从阔卵形基部渐向上呈披针形管状；边缘内卷，全缘平滑；中肋宽，约占基部的1/2，达于先端突出成毛尖状，横切面腹面有大型薄壁细胞，背面有栉片；角细胞小，不凸成耳状。雌雄异株。蒴柄褐色。孢蒴小，卵椭圆形，悬垂生长，口狭。蒴齿红褐色，短。

生境：多生于湿岩面薄土上。

分布：产于我国湖北、江西、贵州；太平洋东南亚岛屿亦有分布。

生境照

叶尖

全叶

126 节茎曲柄藓 *Campylopus umbellatus* (Arnoth.) Par.

植物体常大型粗壮，密集丛生，上部黄绿色，下部褐色或黑色，因为透明毛尖藓丛呈灰绿色，故带弱光泽。茎直立或倾立，不育枝呈条状，生育枝先端簇生叶，多年生植株呈节状，密被假根。叶密，直立，干时贴生，湿时伸展倾立，生于茎上部者呈绿色，生于茎下部者呈黑绿色，从狭的基部渐上呈卵披针形，中下部最宽，先端有透明毛尖或不明显，有齿，边缘平滑，近尖端略内卷；中肋占叶基部的1/3-1/2，达于先端成毛尖。雌雄异株。雌雄苞均呈芽状。蒴柄短。蒴盖长喙状，锥形体。蒴齿2裂达基部，线形，有密乳头。蒴帽兜形。

生境：多生于林下岩石、土壤上。

分布：产于我国浙江、湖北、江西、四川、贵州、云南、西藏等地；日本、朝鲜、印度尼西亚亦有分布。

生境照

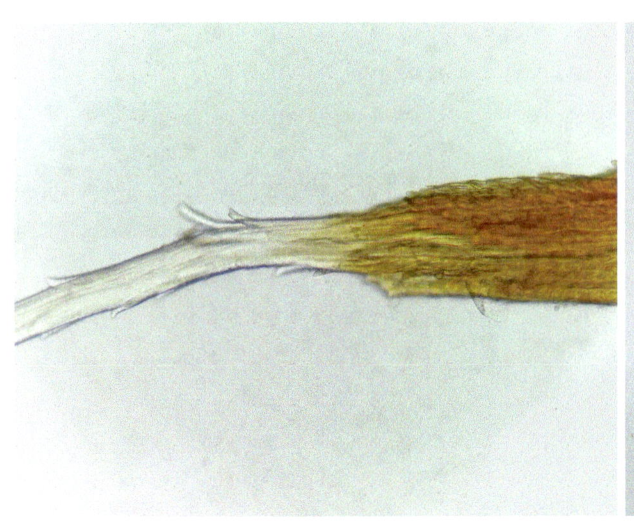

叶尖

全叶

127 毛叶青毛藓 *Dicranodontium filifolium* Broth.

植物体纤细，密集丛生，黄绿色，无光泽。茎直立或倾立高达1 cm，被覆棕褐色假根，不分枝或稀分枝，茎横切面圆形，皮部有一层褐色厚壁细胞，中央有几个壁厚无色小细胞构成中轴，皮部与中轴之间为大型薄壁细胞，黄色。叶直立或干时卷曲，呈镰刀形偏曲，茎下部叶小，向上变大，一般内卷成管状，基部卵形，渐上呈细披针形，毛尖部有齿突；中肋扁阔，约占基部的1/4，在叶先端突出成毛突状；叶细胞方形或长方形，壁厚，角细胞数少，凸出成耳状，黄褐色或无色。未见孢子体。

生境： 多生于常绿阔叶林下树干基部。

分布： 产于我国湖北、湖南、广东、四川、贵州、云南、西藏；中国特有种。

生境照

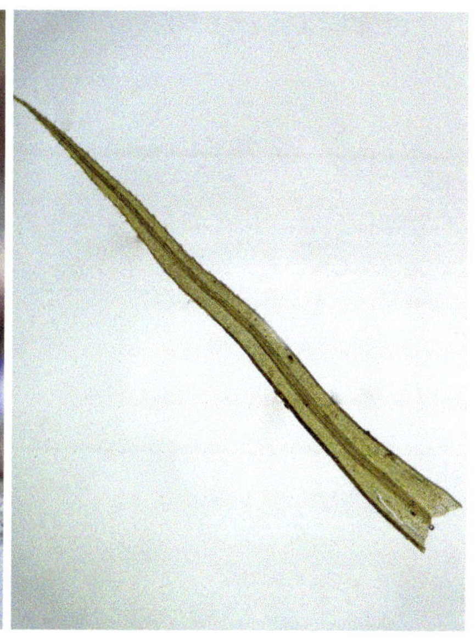

全叶

叶中部细胞

叶缘细胞

128 孔网青毛藓 *Dicranodontium porodictyon* Cardot & Thér.

植物体密集丛生，褐绿色，有弱光泽。雌株细长，分枝多，雌苞假顶生；雄株的雄器苞生于分枝顶端，有线状隔丝。茎直立，横切面不规则圆形，中轴为小型厚壁细胞，表皮为一层红褐色小细胞，中间为大型壁略厚的细胞。叶片基部卵形，向上呈细长披针形，叶尖呈细长毛尖状，有细齿。雌雄异株。雌苞叶基部鞘状，有短毛尖。蒴柄黄色，约1 cm长，成熟后直立。孢蒴短，直立，有短台部。蒴齿红色，齿片2裂。孢子粒状。

生境：多生于林下或林边树干基部或土上。

分布：产于我国湖北、湖南、海南、贵州、西藏；中国特有种。

全叶

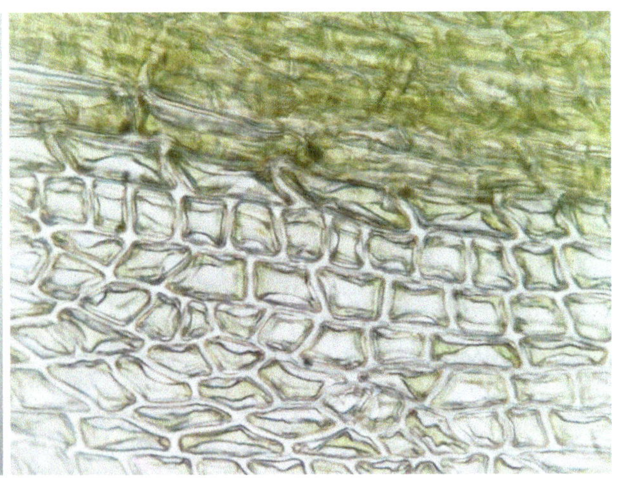

叶细胞

生境照

34. 白发藓科 Leucobryaceae

129 白发藓 *Leucobryum glaucum* (Hedw.) Ångstr.

植物体密集，垫状丛生，苍白至灰绿色。茎高达20 cm，多分枝。叶密生，直立或略向一边弯曲，卵状披针形，上部渐尖，往往内卷成筒状；边全缘，背面平滑；中肋横切面中间呈现1行绿色细胞，两边各具2层大型无色细胞，背面有时为3层；叶细胞2-6行。雌雄异株。蒴柄纤细，长2-3 cm，红褐色。孢蒴圆锥形，弓形弯曲。

生境： 常生长于针阔叶混交林或阔叶林下。

分布： 产于我国辽宁、河南、浙江、湖北、江西、湖南、福建、台湾、广东、海南、广西、四川、贵州、云南、西藏；朝鲜、日本、俄罗斯和北美洲亦有分布。

生境照

叶缘

全叶

130 狭叶白发藓 *Leucobryum bowringii* Mitt.

植物体灰绿色。叶片群集，干时多卷缩，易脱落，基部长卵形或长椭圆形，上部狭长披针形，先端多呈管状；中肋薄，背面平滑，横切面中间1层四边形绿色细胞，两侧各1层无色细胞；蒴柄纤细，红色；孢蒴倾斜或平展，中间分裂，具细疣；无环带；蒴盖圆锥形，具长喙；蒴帽兜形。

生境：生于常绿阔叶林下土坡、石壁和树干上。

分布：产于我国江苏、安徽、浙江、湖北、江西、湖南、福建、台湾、广东、海南、广西、四川、贵州、云南、西藏等地；日本、印度、斯里兰卡、泰国、马来西亚、印度尼西亚、菲律宾和新几内亚亦有分布。

生境照

全叶

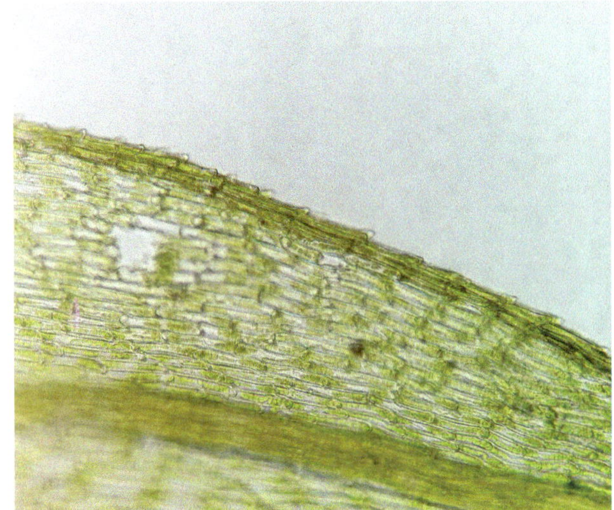

叶缘细胞

生境照

131 桧叶白发藓 *Leucobryum juniperoideum* (Brid.) Müll. Hal.

植物体高达2 cm。叶片卵披针形，干时略皱缩，湿时常偏向一边，长5-7 mm，宽1-2 mm，基部稍短于上部，卵形，上部狭披针形，有时内卷成筒状，边全缘；中肋基部透明细胞2层；叶片基部细胞多行，其中接近中肋处有5-6行长方形细胞，边缘为2行线形细胞，(40-45) μm × (3-5) μm。

生境： 生于阔叶林下树干或土上。

分布： 产于我国湖北、江西、湖南、福建、广东、海南；日本、欧洲、美洲和非洲亦有分布。

生境照

全叶

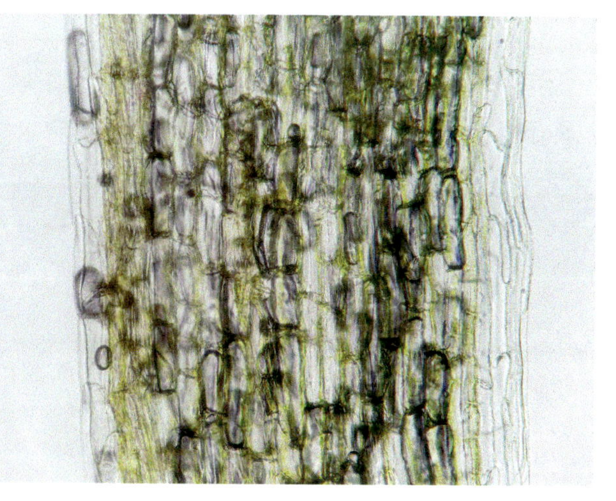

叶缘细胞

132 绿色白发藓 *Leucobryum chlorophyllosum* Müll. Hal.

植物体密集丛生。茎矮，高仅0.5-1 cm。叶密集着生，叶片干时略为弯曲，湿时直立伸展，长2-4 mm，宽0.5-1 mm，狭卵状披针形，先端稍背凸，全缘。中肋达顶，由2层无色细胞及中间1层横切面呈四棱形的绿色细胞所组成。叶片具3-7行狭长形细胞。

生境： 生于林下树干基部或岩面土上。

分布： 产于我国浙江、湖北、江西、湖南、福建、广东、海南、广西、四川、贵州、云南；越南、泰国、斯里兰卡、印度尼西亚亦有分布。

全叶

生境照

生境照

叶缘

133 爪哇白发藓 *Leucobryum javense* (Brid.) Mitt.

植物体粗壮，上部粉绿色，基部黄褐色。茎高6 cm以上。叶密集，通常呈镰刀状弯曲，长约1 cm，宽约2 mm，基部阔卵形，上部阔披针形，先端深沟状，具尖头，叶背面上半部具粗疣；中肋横切面中间绿色细胞层的两侧各具1层或2-3层大型无色细胞；叶片细胞4-6行，近中肋的呈长方形，向边缘的线形。

生境：多生于阔叶林土坡、岩面或树干上。

分布：产于我国安徽、浙江、湖北、江西、湖南、福建、台湾、广西、云南；印度、斯里兰卡、马来西亚、老挝、越南、泰国、柬埔寨、菲律宾、印度尼西亚、新几内亚亦有分布。

全叶

生境照

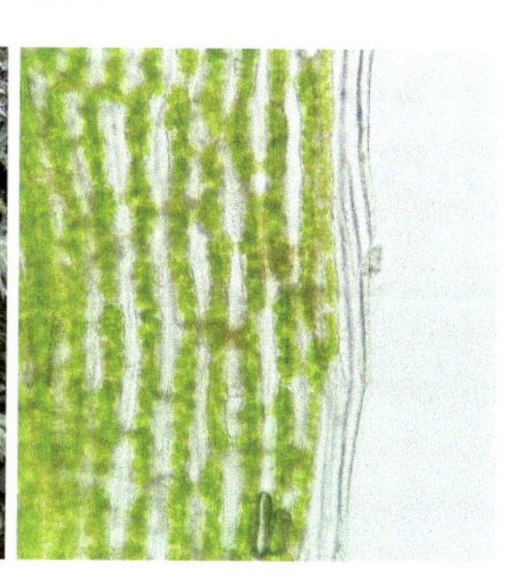

叶缘细胞

134 八齿藓 *Octoblepharum albidum* Hedw.

植物体密集丛生，灰绿色，稍带光泽；茎矮小，少分枝，连叶高0.5-1 cm。叶片基部长卵形，上部长舌形，先端圆钝，具短尖头；中肋横切面背凸，无色细胞多层（通常腹面2-5层，背面1-4层）；叶边近全缘，先端具微齿。蒴柄长约4 mm；孢蒴长卵形；蒴齿黄色，由8个阔披针形齿片组成，具中缝线；蒴盖圆锥形，具斜长喙；蒴帽偏斜，全缘。

生境：多生于树干上。

分布：产于我国湖北、台湾、海南、广西、云南；越南、缅甸、泰国、马来西亚、印度尼西亚、菲律宾、印度、非洲、南美洲亦有分布。

叶基细胞

生境照

叶尖

35. 凤尾藓科 Fissidentaceae

135 小凤尾藓 *Fissidens bryoides* Hedw.

植物体细小。茎通常不分枝，腋生透明结节不明显，中轴稍分化。叶4-6对，上部叶长圆状披针形，急尖，背翅基部楔形，中肋及顶或消失于叶尖稍下处。叶鞘为叶全长的1/2-3/5，通常略不对称，分化边缘不明显至明显，通常无色。背翅基部不下延；前翅及背翅的细胞为方形至六边形，壁略厚，平滑。叶鞘细胞与前翅及背翅细胞相似，但靠近中肋基部细胞较大而长。雌雄同株。雄生殖苞芽状，腋生于茎叶。雌生殖苞生于茎顶。

生境：多生于荫蔽环境中的石上或土上。

分布：产于我国黑龙江、内蒙古、陕西、浙江、湖北、台湾、广西、四川、贵州、云南、西藏；广布于北半球及南美洲。

生境照

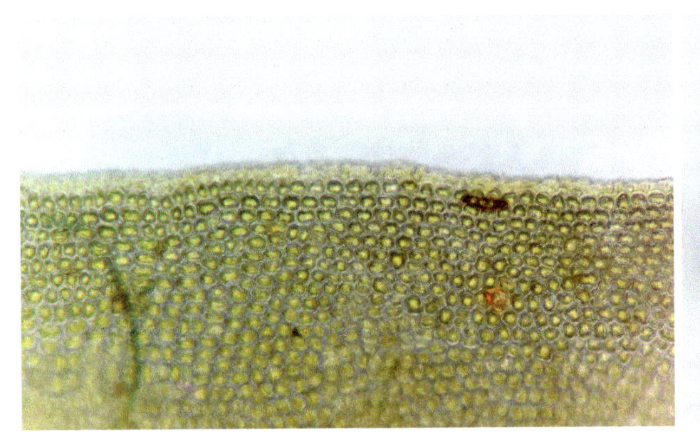

叶缘细胞

全叶

136 黄边凤尾藓 *Fissidens geppii* M. Fleisch.

植物体细小，不分枝，茎中轴不明显。叶6-13对，通常紧密排列，下部叶细小，中部以上的叶披针形，急尖；叶边除叶尖具细锯齿之外，其余均全缘；叶鞘约为叶全长的2/3，略对称；分化边缘明显，在老叶呈黄色，几达叶尖，达于背翅基部。背翅基部楔形，略下延。中肋粗壮，黄褐色，不及顶至及顶。雌雄混生同苞。精子器约与颈卵器等长，相互混生。

生境： 多生于林下沟谷湿石上。

分布： 产于我国湖北、台湾、广西、云南；朝鲜、日本、印度尼西亚、印度亦有分布。

叶缘

叶尖

全叶

生境照

137 狭叶凤尾藓 *Fissidens wichurae* Broth. & M. Fleisch.

植物体细小，黄绿色，丛集垫状。茎单一，腋生透明结节明显，茎中轴不明显分化。叶13-15对，排列较紧密，下部叶极细小，中部和上部叶远较下部叶为大，线状披针形。先端狭渐尖，背翅基部楔形。鞘部约为叶全长的1/2，叶边近于全缘，分化边缘不达于鞘部的上端。中肋粗壮，略透明，黄色至褐色，短突出。前翅和背翅细胞四方形至不规则六边形，不透明，有多个细疣。

生境： 多生于林下土上。

分布： 产于我国湖北、台湾；印度尼西亚、巴布亚新几内亚亦有分布。

生境照

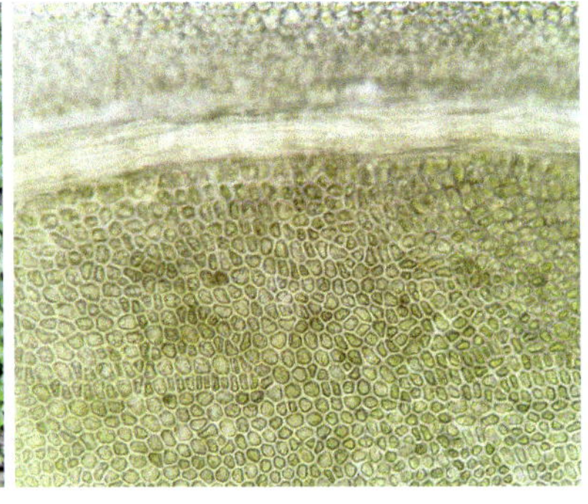

叶中部

全叶

138 拟粗肋凤尾藓 *Fissidens ganguleei* Nork. ex Gangulee

植物体细小，绿色。茎单一，腋生透明结节不明显，茎中轴稍分化。叶3-5对，下部叶细小，叶细胞壁较薄，排列疏松，叶边具细锯齿；上部叶远大于下部叶，长圆状披针形，先端急尖。中肋粗壮，中肋常在鞘部上端弯曲。背翅基部楔形，背翅基部稍下延于茎上。前翅和背翅细胞四方形至不规则的六边形，壁稍厚，平滑，细胞腔内常具细胞核状的透明区。鞘部细胞与前翅及背翅细胞相似。

生境： 多生于常绿阔叶林下路边树上。

分布： 产于我国湖北、云南；日本、尼泊尔、印度亦有分布。

生境照

叶尖

全叶

139 黄叶凤尾藓 *Fissidens zippelianus* Doz. & Molk.

植物体细小，丛集。茎单一或分枝。干时叶尖卷曲；腋生透明结节极明显，茎中轴不分化。叶10-24对；中部至上部叶披针形至狭披针形，叶先端阔急尖；叶边具细锯齿至细圆齿；背翅基部圆至楔形；中肋及顶或消失于叶尖稍下处。雌雄异株，雌器苞顶生，雌苞叶比茎叶狭而长。颈卵器平滑，孢蒴通常直立，对称。

生境： 多生于林中或石上。

分布： 产于我国四川、浙江、湖北、湖南、福建、台湾、广东、海南、香港、云南；广布于古热带地区。

生境照

叶尖

全叶

中肋

140 裸萼凤尾藓 *Fissidens gymnogynus* Besch.

植物体黄绿色至带褐色，茎通常不分枝，有时基部具少数分枝，无腋生透明结节，茎中轴稍分化。叶排列较紧密，干时明显卷曲；最基部的叶细小，越靠中部的叶较大；叶舌形至披针形，具小短尖至急尖，叶边稍具锯齿至具细圆齿，叶细胞明显具乳头状突起，细胞壁不清晰；中肋粗壮。背翅茎部圆至楔形。根生雌雄异株。

生境： 多生于树干或林中石上或土上。

分布： 产于我国吉林、山东、陕西、安徽、浙江、湖北、湖南、福建、广东、海南、广西、四川、贵州、云南；朝鲜、日本亦有分布。

生境照

叶缘细胞

全叶

141 网孔凤尾藓 *Fissidens polypodioides* Hedw.

植物体绿色、黄绿色至带褐色，稀疏丛生。茎单一或分枝，无腋生透明结节，茎中轴明显分化。叶23-58对，最基部的叶极小，排列较稀疏；中部以上各叶远大于最基部的叶，密生，长圆状披针形；叶先端通常短尖，罕为钝急尖，细胞壁清晰；叶边在靠近叶尖处具粗锯齿，其余部分稍具锯齿；中肋粗壮，通常终止于叶尖下数个细胞。前翅和背翅细胞四方形至六边形。

生境：多生于常绿阔叶林中土、巨石或陡峭石壁上。

分布：产于我国湖北、江西、湖南、福建、台湾、广东、海南、广西、四川、贵州、云南；日本、菲律宾、印度尼西亚、马来西亚、新加坡、越南、泰国、缅甸、尼泊尔、印度、巴布亚新几内亚亦有分布。

生境照　　植物体

叶缘细胞

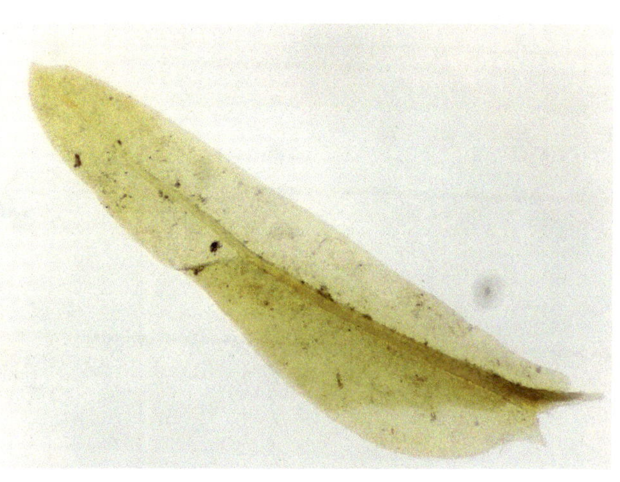

全叶

142 垂叶凤尾藓 *Fissidens obscurus* Mitt.

植物体绿色至带褐色，密集丛生。茎匍匐，无腋生透明结节，茎中轴不分化。叶18-43对，排列较稀疏，干时卷曲，湿时稍向下弯垂；叶先端钝急尖，分枝的基部和茎的腹面常具假根，细胞壁不清晰；中部以上各叶披针形，阔急尖；叶边除先端稍具细圆齿外，其余几近全缘；中肋粗壮。背翅基部圆形至阔楔形。鞘部为叶全长的1/2-3/5，稍不对称。雌雄异株。

生境： 多生于常绿阔叶林下湿石或沙质土上。

分布： 产于我国湖北、广西；日本、尼泊尔、印度亦有分布。

叶中部细胞　　全叶　　生境照

143 鳞叶凤尾藓 *Fissidens taxifolius* Hedw.

植物体中等大小，紧密丛生。茎单一，罕有分枝，腋生透明结节不明显。茎皮部细胞小而壁厚，中轴不明显分化。叶6-17对，紧密排列；中部以上的叶卵圆状披针形，先端急尖至短尖，叶边具锯齿。背翅基部圆形，有时阔楔形。中肋粗壮，及顶至短突出。雌雄异株。雌器苞侧生，雌苞叶分化，狭披针形，雌苞叶远小于茎叶。蒴柄侧生或基生。

生境： 多生于阔叶林或针阔叶混交林下土上或石上。

分布： 产于我国黑龙江、吉林、辽宁、江苏、浙江、湖北、江西、湖南、台湾、四川、广西、贵州、云南；广布于世界各地。

生境照

叶中上部

144 南京凤尾藓 *Fissidens teysmannianus* Dozy & Molk.

植物体细小至中等大小，紧密丛生。茎单一或具少数分枝，腋生透明结节不明显，茎中轴略分化。叶8-20对，排列较紧密；叶披针形，先端急尖，叶边具锯齿；中肋及顶，前翅边缘具锯齿。鞘部为叶全长的1/2，对称或稍不对称，鞘部细胞沿角隅有疣3-4个。背翅基部通常圆形，有时楔形。雌雄异株。雌器苞芽状，腋生；雌苞叶高度分化。

生境： 多生于阔叶林内土或石上，亦生于树干上。

分布： 产于我国山东、江苏、浙江、湖北、江西、湖南、福建、台湾、广东、海南、四川、贵州、云南；朝鲜、日本亦有分布。

生境照

叶尖

全叶

145 大凤尾藓 *Fissidens nobilis* Griff.

植物体较大，绿色到带褐色。茎单一，无腋生透明结节，茎中轴明显分化。叶14-26对，基部叶细小而疏离；中部的各叶远比基部叶为大，密生，披针形至狭披针形，急尖；叶边上半部具不规则齿，下半部近全缘背翅基部楔形，下延。鞘部约为叶全长的一半，对称至近对称。中肋粗壮，及顶。背翅基部下延。

生境：多生于林下溪谷旁湿石或土上。

分布：产于我国江苏、浙江、湖北、江西、湖南、福建、台湾、广东、海南、香港、四川、广西、贵州、云南；朝鲜、日本、菲律宾、印度尼西亚、新加坡、越南、泰国、缅甸、尼泊尔、印度、斯里兰卡、斐济亦有分布。

生境照

全叶

叶中部细胞

叶尖

146 卷叶凤尾藓 *Fissidens dubius* P. Beauv.

植物体绿色至带褐色。茎单一，罕有分枝，无腋生透明结节，茎中轴明显分化。叶13-58对，排列较紧密，细叶披针形，干时明显卷曲；叶上部横切面厚1-2层细胞；叶边在近先端处有不规则齿。中肋粗壮，及顶。背翅基部圆形至略下延。鞘部为叶全长的3/5-2/3。蒴柄长5-8 mmn。雌雄异株。

生境： 生于林中溪谷边湿石上，亦偶生于树干和土上。

分布： 产于我国黑龙江、吉林、辽宁、陕西、湖北、四川、西藏等大部分省份；朝鲜、日本、菲律宾、印度尼西亚、尼泊尔、印度、斯里兰卡、北非、欧洲、北美洲、巴布亚新几内亚亦有分布。

生境照

全叶

147 二形凤尾藓 *Fissidens geminiflorus* Dozy & Molk.

植物体绿色至深绿色。茎匍匐，单一或分枝，略具腋生透明结节，茎中轴不分化。叶16-52对，通常排列疏松，干时卷曲；下部叶常腐烂；中部以上各叶披针形至狭披针形，急尖。背翅基部楔形，罕为圆形，明显下延；叶边具锯齿，叶干时多少卷曲，叶上部1层细胞。中肋清晰，沿中肋两侧常有1列不规则的四方形或长方形、平滑而略透明的细胞。

生境： 多生于常绿阔叶林下湿石上。

分布： 产于我国江苏、浙江、湖北、福建、台湾、广东、海南；日本、菲律宾、印度尼西亚亦有分布。

生境照

全叶

叶中部细胞

148 内卷凤尾藓 *Fissidens involutus* Wilson ex Mitt.

植物体细小至中等大，黄绿色。茎丛集，通常单一，时有分枝，有腋生透明结节但不很明显，茎中轴不分化。中叶7-15对，叶排列疏松；中部和上部叶披针形至狭披针形，先端狭急尖，叶边具锯齿。背翅基部圆形。鞘部为叶全长的3/5-2/3，对称至近不对称；中肋及顶或终止于叶尖下数个细胞。前翅和背翅细胞四方形，具乳头状突起，壁薄，不透明。雌苞叶明显分化。蒴柄长平滑，孢蒴直立，对称；蒴壶圆柱状，蒴壁细胞四方形至短长方形，纵壁略厚，横壁薄。

生境：多生于常绿阔叶林下土上。

分布：产于我国湖北、广东、云南；越南、泰国、缅甸、尼泊尔、印度亦有分布。

生境照

叶中上部

生境照

149 大叶凤尾藓 *Fissidens grandifrons* Brid.

植物体匍匐，深绿色，老时带褐色，坚挺。茎单一或分枝，具腋生透明结节，茎皮部细胞小而壁厚，中轴不分化。叶呈披针形至剑状披针形，紧密排列，叶不透明。叶上部厚1-6层细胞；背翅基部楔形，下延，叶边稍具锯齿。中肋粗壮，不透明；在横切面，前翅和背翅的边缘厚1-2层细胞，靠近中肋处厚3-6层细胞，中肋上半部的表面不见2列长方形的主细胞，鞘部厚多为1层细胞。

生境：多生于林下沟边湿石上。

分布：产于我国湖北、台湾、广西、四川、云南、西藏；朝鲜、日本、尼泊尔、印度、巴基斯坦、北非、中非、北美洲中部亦有分布。

生境照

叶尖细胞

植物体

36. 丛藓科 Pottiaceae

150 小石藓 *Weissia controversa* Hedw.

植株矮小，绿色或黄绿色。茎单一或具分枝，叶呈狭长披针形，先端渐尖，叶缘内卷全缘；中肋粗壮，突出叶尖呈芒刺状；叶片上部细胞呈多角状圆形，细胞壁薄，每一细胞壁上具数个粗疣；基部细胞呈长方形，平滑透明。孢蒴直立，卵状圆柱形；齿片短，密被疣。

生境：生于背阴岩面、林下石、林地上或树干基部，也常见于林缘或溪边土壁上或岩面薄土上。

分布：产于我国黑龙江、吉林、辽宁、内蒙古、山东、河南、陕西、新疆、安徽、江苏、上海、浙江、湖北、江西、湖南、福建、台湾、海南、广东、广西、四川、贵州、云南、西藏；印度、越南、日本、菲律宾、印度尼西亚、欧洲、非洲、南美洲、北美洲及大洋洲亦有分布。

生境照

植株孢蒴

叶尖

全叶

151 小反纽藓 *Timmiella diminuta* (Müll. & Hal.) P. C. Chen

植物体密集丛生，上部锈绿色，下部密被假根，呈污棕色。茎单一或束状分枝。叶片呈长披针形舌形，叶边中下部全缘，仅尖部具细齿，中肋宽，长达叶尖。叶片中上部细胞双层，呈多角状圆形，内层细胞具乳头突起。雌雄异株。孢蒴直立，呈圆柱形，具明显的台部，呈黄绿色，老时呈棕色；蒴柄细，干时常弯曲，环带由2列细胞构成，齿片直立，上部具疣；蒴盖长圆锥形，先端喙状直立。

生境： 常生于岩石、土壁、墙壁上，或生于针阔叶混交林地上。

分布： 产于我国黑龙江、辽宁、河北、山东、河南、陕西、甘肃、江苏、安徽、湖北、四川、云南、西藏；中国特有种。

生境照　　植株孢蒴

全叶　　叶上部细胞

152 狭叶扭口藓 *Barbula subcontorta* Broth.

植物体矮小，鲜绿色，密集丛生。茎直立，基部密被假根，多单一。叶呈狭三角状至卵状狭长披针形，先端呈线形渐尖；边全缘，稍背卷；中肋粗壮，呈红棕色，先端突出叶尖；叶上部细胞为不规则的方形，平滑无疣，或具不明显的单一细疣；基部细胞长方形，无色透明。蒴柄细长，红色；孢蒴直立，卵状圆柱形，呈黄棕色；蒴齿细长线状，密被疣。

生境：多生于林地、树干基部或腐木上，也见于岩石、岩石薄土、林缘沟边壁或墙壁上。

分布：产于我国河北、山西、河南、陕西、新疆、安徽、浙江、湖北、四川等地；印度亦有分布。

生境照

叶中部细胞

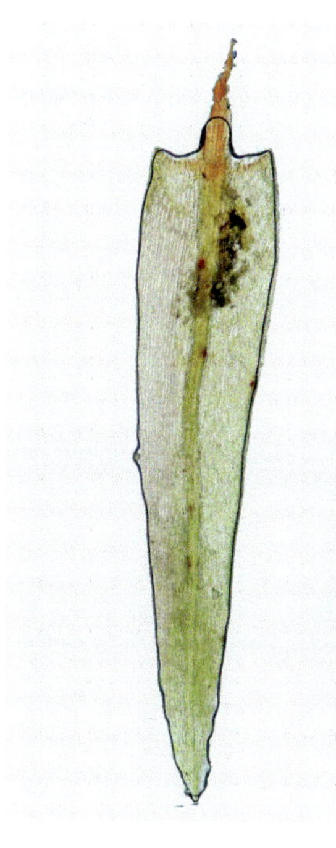

全叶

植株孢蒴

153 扭口藓 *Barbula ehrenbergii* (Lorentz) M. Fleisch.

植株纤细柔软，疏松丛生，呈绿带暗褐色。茎直立，多具分枝。叶干时卷缩，呈卵状舌形，或舌状阔披针形，先端钝且较平展，叶边全缘，中下部背卷；中肋粗壮，长达叶尖或突出成小尖头；叶片上部细胞呈4-6边形，壁薄，具多个小马蹄形疣；基部细胞呈长方形，壁稍厚，稀被疣。蒴柄呈红褐色孢蒴直立，呈圆柱形；蒴齿细长，齿片线形，密被疣；蒴盖圆锥形，具直喙。

生境： 泛生于岩石、岩缝、岩石薄土、林地、草地、草甸土上，以及林缘沟边土壁上。

分布： 产于我国吉林、辽宁、河北、山西、山东、河南、陕西、甘肃、新疆、安徽、江苏、浙江、湖北、江西、湖南、福建、台湾、四川、云南、西藏；日本、印度、俄罗斯（远东地区）、欧洲、北非、北美洲、南美洲及大洋洲亦有分布。

生境照

植株孢蒴

叶缘

全叶

154 小墙藓 *Weisiopsis plicata* (Mitt.) Broth.

植物体矮小。茎直立，单一或叉状分枝。叶片叶基特狭，叶片呈阔倒卵状舌形，先端阔，顶端圆钝，叶边全缘平直，或略具波纹而不规则内卷，中肋细，长达叶先端渐消失，叶片上部细胞小，呈多角状圆形，壁特厚，具乳头；叶基细胞大，壁薄，平滑而透明，与上部细胞间具明显的分界线。孢蒴呈长圆柱形，干时往往具纵褶；蒴盖直立，具喙尖；蒴齿短，线状直立。疏被细疣。

生境： 生于岩石、岩面薄土、土坡、林地、墙壁上。

分布： 产于我国湖北、江西、湖南、福建、台湾、广东、海南、云南、西藏；非洲东南部亦有分布。

生境照

植株孢蒴

155 泛生墙藓 *Tortula muralis* Hedw.

植株黄绿带红棕色，疏丛生，基部密被假根。叶长卵状舌形，先端圆钝，具短尖头；叶边全缘，明显背卷；中肋粗壮，突出叶尖呈短刺毛状，无色或呈黄棕色；叶上部细胞呈多角状圆形，背腹两面均具马蹄形密疣，不透明；下部细胞呈长方形或六角形，无色透明。孢蒴直立，长圆柱形，或略弯曲；蒴齿细长，向左旋扭。

生境： 生于石灰岩、墙壁、林地上及竹林下、林缘及沟边岩石薄土上。

分布： 产于我国吉林、辽宁、内蒙古、河北、河南、陕西、新疆、安徽、江苏、浙江、湖北、江西、湖南、福建、台湾、四川、西藏；日本、俄罗斯（远东地区）、欧洲、北非、美洲亦有分布。

叶尖

生境照

全叶

156 薄齿藓 *Leptodontium viticulosoides* (P. Beauv.) Wijk & Marg.

植物体疏丛生。茎直立或倾立，具不规则分枝，有纵长的、密被红棕色平滑的多分枝的地上茎。叶片干时直伸，湿时具弯曲的龙骨状纵折，叶基较狭，呈卵状披针形，先端渐尖；叶缘具狭的卷边，仅上半部具不规则的锯齿；中肋较细，在叶尖稍下即消失。叶细胞壁厚，呈圆形或不规则的长方状多角形，密被疣，基部细胞较长大。苞叶较一般叶长大。蒴柄直立，呈黄红色；孢蒴呈长卵状圆柱形，环带由5-6列细胞组成。蒴盖具长斜喙尖；蒴齿呈线状，较短。

生境：生于树干上或林地上。

分布：产于我国湖北、贵州、云南；尼泊尔、不丹亦有分布。

生境照

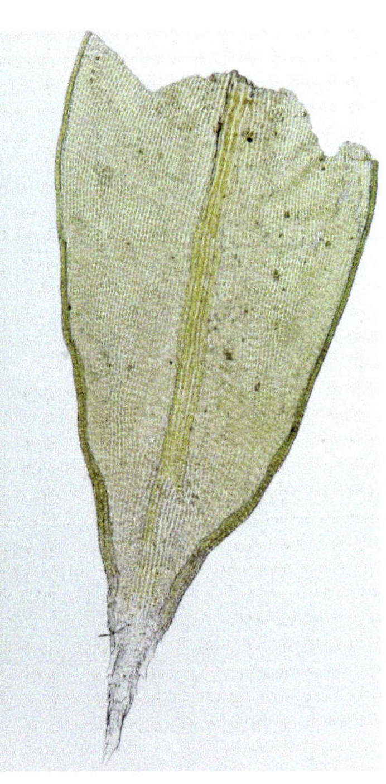

全叶

叶缘

生境照

157 反叶对齿藓 *Didymodon ferrugineus* (Schimp. ex Besch.) Hill

植物体棕绿色，稀丛生。茎直立或倾立，单一或分枝，茎中轴不分化。叶干时皱缩、旋扭，紧贴于茎，湿时卵状披针形；叶片先端急尖，不易脱落，叶边全缘，有时具疣；叶上部细胞圆形或不规则六角圆形；基部细胞呈方形或长方形，平滑。雌雄异株。

生境：多生于岩石、岩面薄土、土壁、林地或土坡上。

分布：产于我国辽宁、内蒙古、河北、山西、山东、陕西、甘肃、宁夏、青海、新疆、安徽、浙江、湖北、江西、湖南、台湾、广西、重庆、四川、云南、西藏；印度、俄罗斯、高加索地区、古巴、欧洲、北美洲亦有分布。

生境照

叶中部

全叶

37. 珠藓科 Bartramiaceae

158 中华刺毛藓 *Anacolia sinensis* Broth.

植物体粗壮，往往成片生长，黄绿色至深绿色。叶片紧密排列，硬而向上挺立，边缘有齿，基部阔，基面平截，有纵条折纹，中上部急尖变细，呈长芒状、披针形；中肋长，突出成芒尖状，直立或多回微曲。茎中上部叶片较长大，茎基部叶片较短小。叶细胞长方形，壁较厚，疣多见于细胞的中上部。叶基部细胞短方形，壁薄而透明，壁平滑无疣。孢蒴近圆球形。蒴柄短，红褐色。

生境： 多生于高山带的流水或近水处湿的岩面和土表上。

分布： 产于我国湖北、广西、四川、云南；尼泊尔、印度亦有分布。

全叶

生境照

叶中部

植株孢蒴

159 亮叶珠藓 *Bartramia halleriana* Hedw.

植物体上部暗黄绿色，下部密被棕色绒毛状假根。干时茎叶端及叶鞘扭曲，湿时多曲折背仰。叶片基部短阔，呈半鞘状，上部狭线形，先端锐尖，边缘具粗齿，半鞘状，基部边平滑，反卷；中肋突出成芒刺状，其背面具齿状刺。叶细胞略加厚，上部短方形，具疣；下部细胞长方形，叶边细胞稍短，基部呈黄褐色。雌雄同株。孢蒴假侧生于分枝上。蒴柄短于叶片，红色。孢蒴球形，倾斜，橙黄色，具深的纵皱褶。蒴齿两层；外齿层深红色，内齿层淡黄色。孢子球形，具疣。

生境：多生于海拔2200-4100 m一带，在树干和岩石上附生。

分布：产于我国黑龙江、吉林、辽宁、内蒙古、河北、陕西、新疆、安徽、湖北、江西、福建、台湾、四川、贵州、云南、西藏；日本、俄罗斯、菲律宾、欧洲、北美洲、南美洲、大洋洲亦有分布。

叶基细胞

全叶

生境照

叶尖

160 直叶珠藓 *Bartramia ithyphylla* Brid.

植物体棕绿色或黄绿色，密集丛生；藓丛外缘植株基部呈灰绿色。茎红褐色，棱形，被有交织的红色假根，直立，稀分枝。叶片近直立，基部半鞘形，无色透明，向上渐狭，呈细长鬃毛状；叶缘平或微卷成半管状，具锐齿；中肋宽，达叶尖。叶片上部细胞狭长方形，具疣；叶片基部细胞长方形，平滑无色。雌雄异株。孢蒴倾立，球形，背凸，褐色具光泽，纵条纹色深。蒴盖小，平凸形。内齿层比外齿层短，深绿色。孢子褐色，具长疣突。

生境：在平原和高山森林郁密处，多生于砂质黏土上，或岩石表面上。

分布：产于我国黑龙江、吉林、浙江、湖北、福建、台湾、广西、四川、云南；印度、喜马拉雅地区、日本、俄罗斯、大洋洲、欧洲、美洲和非洲亦有分布。

叶缘细胞

全叶

生境照

叶中部

161 梨蒴珠藓 *Bartramia pomiformis* Hedw.

植物体密集丛生。茎直立或倾立。单一或分枝，密被棕色假根。叶干时弯曲，湿时伸展，线状披针形，基部直立，向上渐成细长叶尖；叶缘具单列齿；中肋长达叶尖，上部背面具刺状齿。叶上部细胞短长方形，壁加厚；基部细胞不规则长方形；平滑透明。雌雄同株。蒴柄直立，红棕色，孢蒴倾立，球形，蒴口小，倾斜，表面具纵长褶；蒴齿2层，外齿片披针形，红棕色，具细疣；内齿层短于外齿层，淡黄色，基膜低，齿条短，无齿毛。蒴盖低圆锥形。孢子棕黄色，具粗疣。

生境：多生于落叶松、白桦等混交林下阴湿土壤、岩石及腐木上。

分布：产于我国黑龙江、吉林、内蒙古、河北、陕西、新疆、安徽、浙江、湖北、江西、湖南、台湾、四川、贵州、云南；日本、俄罗斯、欧洲、美洲、新西兰、非洲亦有分布。

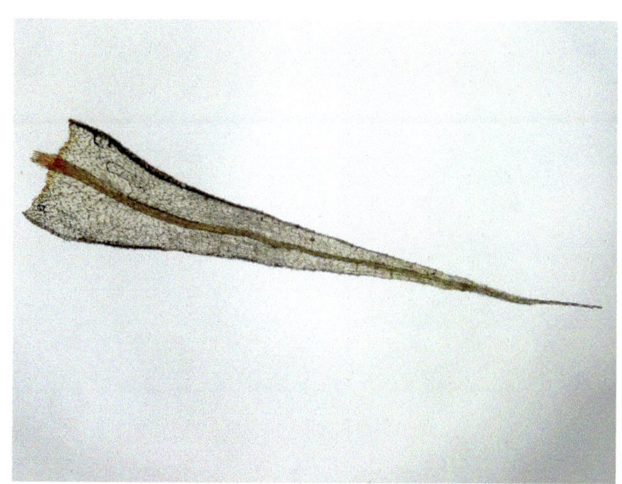

全叶

生境照

植株孢蒴

叶缘细胞

162 垂蒴泽藓 *Philonotis cernua* (Wilson) Griff. & W. R. Buck

植物体直立，密集垫状丛生，绿色、深绿色，顶部丛状分枝，基部叶多脱落，枝干密集，棕褐色，有假根。叶片分两种类型，茎上端的叶片呈长卵状披针形；中下端叶片呈阔三角形，叶片平展或下部内卷。叶上部叶边有齿，中下部近全缘；中肋粗壮，金黄色。内卷。叶上部叶边有齿，中下部近全缘。叶上部细胞阔菱形、长方形；中下部呈方形、多角方形，细胞上部具疣突。孢蒴圆形或梨形，壁有纵褶，悬垂。蒴柄长2-4 cm，红色。

生境： 多生于有滴水的岩石上、水边土壤上。

分布： 产于我国湖北、台湾、海南、云南；印度亦有分布。

全叶　　生境照　　叶尖

163 偏叶泽藓 *Philonotis falcata* (Hook.) Mitt.

植物体较纤细，黄绿色、绿色，密集丛生，基部被红褐色假根。叶片呈卵状三角形，呈镰刀状，或钩状弯曲，基部阔，龙骨状内凹，叶边向背部反卷，先端渐尖，边缘具微齿；中肋粗壮，到顶，背部凸出。叶细胞长方形，疣突位于细胞上端。叶片上部细胞较长，中部近方形、近圆多角形，基部细胞短而宽阔，透明。

生境： 多生于3000 m上下的高山沼泽地上。

分布： 产于我国内蒙古、山东、河南、甘肃、江苏、湖北、福建、台湾、广东、四川、贵州、云南、西藏；朝鲜、日本、菲律宾、尼泊尔、印度、非洲、夏威夷群岛亦有分布。

全叶　　叶中部细胞　　生境照

164 泽藓 *Philonotis fontana* (Hedw.) Brid.

植物体密集片状丛生，基部密被褐色假根，顶端有轮生短枝。顶叶密集，多一侧弯曲，叶片基部阔卵形或心形，叶边背卷，上部渐尖，边缘具微齿；中肋粗壮，直达叶尖或突出成毛尖状。叶细胞多角形或长方形，腹面观疣突位于细胞的上端，背面观疣突位于细胞的下端。孢蒴卵圆形、圆形；初直立，后弯曲，有纵褶。雌雄异株，雄株体形较纤细，而雌株较粗硬。

生境：多生于高山带的沼泽或流水处、岩石或湿土上。

分布：产于我国吉林、内蒙古、河南、山西、陕西、甘肃、新疆、湖北、湖南、福建、台湾、四川、云南、西藏；日本、俄罗斯、欧洲、北美洲亦有分布。

叶中部细胞

叶尖细胞

全叶

生境照

165 密叶泽藓 *Philonotis hastata* (Duby) Wijk & Marg.

植物体较纤细，柔软，黄绿色，有光泽。叶覆瓦状着生，倾立，茎下部密被棕褐色假根。叶片椭圆形或卵状披针形、长卵圆形、近三角形，先端渐尖，基部平截，叶边平展，或微内卷，上部有齿，中下部近平滑，中部叶边有时呈双层细胞；中肋粗壮，到顶或不到顶。叶片上部细胞近方形或菱形，中部、下部近长方形、多角形。叶基部细胞较透明，未见疣状突起。孢蒴圆球形、卵圆形，倾斜。

生境：多生于潮湿的土壤或高山沼泽地上。

分布：产于我国湖北、福建、台湾、广东、海南、云南、西藏；日本、菲律宾、印度尼西亚、马达加斯加、夏威夷群岛亦有分布。

生境照

全叶

植株孢蒴

166 毛叶泽藓 *Philonotis lancifolia* Mitt.

植物体密集丛生，绿色或黄绿色。叶直立向上倾斜排列紧密。叶片卵状披针形，先端渐尖，基部半圆形，叶边微内卷，上部有齿，中基部近平滑。叶尖细胞长方形或狭菱形，中下部细胞呈长方形、方形，腹面观疣突位于细胞上端，背面观疣突位于细胞下端。孢蒴卵圆形，红褐色，水平列。

生境：多生于潮湿的土壤或高山沼泽地上。

分布：产于我国吉林、辽宁、江苏、安徽、浙江、湖北、湖南、福建、广东、海南、广西、四川、云南；泰国、日本、朝鲜、印度、印度尼西亚亦有分布。

生境照

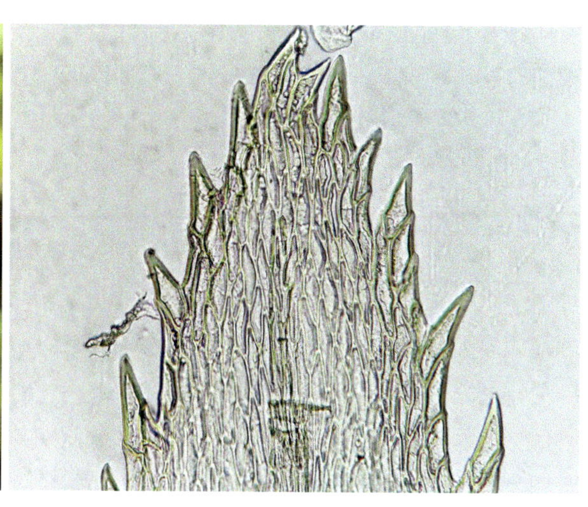

叶尖细胞

全叶

叶中部细胞

167 柔叶泽藓 *Philonotis mollis* (Dozy & Molk.) Mitt.

植物体疏松纤细，有丝质光泽。叶片排列紧密。叶片强烈压紧，呈狭卵圆形或线状披针形，或长钻形，顶端具芒状长尖，有齿；叶边平展或微内卷；中肋伸出叶尖。中上部细胞长菱形或长方形，叶片腹面观，疣突位于细胞的上端；叶片背面观，疣突位于细胞的下端。叶基细胞大，透明。孢蒴圆球形、梨形。孢子壁粗糙。

生境：多生于潮湿的土壤或积水的沼泽地上。

分布：产于我国浙江、湖北、福建、台湾、云南；日本、菲律宾、越南、印度、印度尼西亚亦有分布。

生境照　　叶中部细胞　　全叶

168 斜叶泽藓 *Philonotis secunda* (Dozy & Molk.) Bosch & Sande Lac.

植物体细长，柔软，弯曲，分枝，不硬挺。茎中上部叶片绿色，无光泽，基部茎表密被棕褐色假根。植株丛集，压紧成垫状，往往交织成片。叶片狭披针形、长三角形，先端狭长，渐尖，微向一侧偏斜，或向一侧弯曲，叶片有长尖；中肋基部粗。叶细胞线形、长菱形，壁厚；中基部细胞较宽大，呈长方形、方形。疣突多位于细胞上端。孢蒴卵圆球形、圆球形，水平列，橙色。

生境：多生于潮湿的岩石上，或河边。

分布：产于我国湖北、台湾、四川、云南、西藏；印度尼西亚亦有分布。

生境照　　全叶　　叶中部细胞

169 东亚泽藓 *Philonotis turneriana* (Schwägr.) Mitt.

植物体纤细，黄绿色、淡绿色，微有光泽。茎3 cm长，基部密生假根，近顶处多次分枝。叶片在茎上紧密贴生，呈狭三角披针形，叶基微阔，基部平截，叶片先端渐尖具狭长尖，边缘有齿；中肋粗壮，长达叶尖，肋背有齿突。叶片中上部细胞阔线形、长方形，壁薄，腹面观疣突位于细胞上端，背面疣突不明显。孢蒴近圆球形、椭圆形，成熟后水平列。

生境：多生于潮湿的岩石上，或河边。

分布：产于我国吉林、新疆、江苏、湖北、江西、湖南、福建、台湾、四川、贵州、云南、西藏；日本、朝鲜、菲律宾、印度尼西亚、夏威夷群岛亦有分布。

叶基

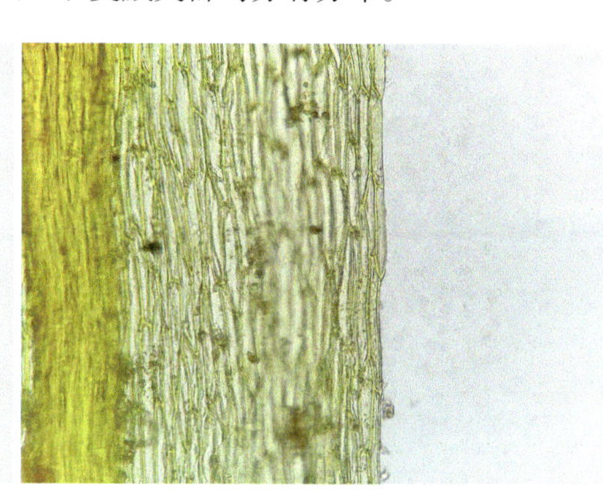

叶缘细胞

生境照

170 细叶泽藓 *Philonotis thwaitesii* Mitt.

植物体较小，黄绿色，有光泽，基部分枝，下部密被假根。叶片压紧着生，湿时直立，披针形、长三角形，龙骨状后仰，上部有长尖，基部阔而平截，叶边内卷，有齿；中肋粗壮，长达叶尖，突出成长芒状。叶片上部细胞长方形、线形，中基部呈方形、长方形；叶细胞腹面观疣突位于上端；叶细胞背面观无疣突。孢蒴近圆球形，蒴口居顶端中央。蒴柄长，红色。

生境：生于潮湿的岩石上，或河边。

分布：产于我国山西、江苏、湖北、湖南、福建、台湾、广东、海南、广西、四川、云南、西藏；日本、朝鲜、印度亦有分布。

生境照

叶中部细胞

全叶

38. 真藓科 Bryaceae

171 泛生丝瓜藓 *Pohlia cruda* (Hedw.) Lindb.

植物体丛生，绿色、淡黄绿色至淡白绿色，明显具光泽。茎直立，近红色。下部叶阔卵状披针形至卵状长圆形，急尖或渐尖。中部叶狭长圆状披针形；上部叶（雌苞叶）长披针形或近线形，叶缘上部具细圆齿；中肋明显在叶尖部以下消失，下部红色。叶中部细胞狭线形至近蠕虫形，壁薄。雌雄异株，稀见雌雄有序同苞。蒴柄曲折。孢蒴多倾立至平列或下垂，长圆状梨形或棒状，台部不明显。内齿层齿条明显穿孔，齿毛2-3条。

生境：多生于山区林下及高山灌丛、腐木上，或生于腐殖土及湿地岩面薄土上。

分布：产于我国黑龙江、吉林、辽宁、内蒙古、山西、陕西、新疆、湖北、台湾、云南、西藏等地；世界广布种。

生境照

全叶

叶中部

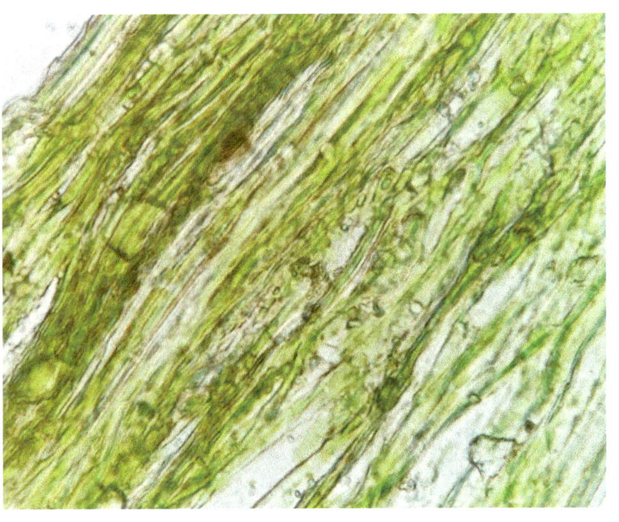
叶片细胞

172 芽孢银藓 *Anomobryum gemmigerum* Broth.

植物体近同于银藓，不育枝叶腋常具众多红褐色无性芽孢，数十个至成百个群居或丛集着生。孢蒴短梨形。在没有芽孢和孢蒴的情况下两种很难区别。

生境：多见于岩面薄土或土生。

分布：我国吉林、辽宁、河北、陕西、甘肃、江西、湖北、四川、贵州、云南、西藏有分布记录；世界广布种。

生境照

全叶

叶中部细胞

173 狭网真藓 *Bryum algovicum* Sendtn. ex Müll. Hal.

植物体密集丛生或簇生，上部黄绿色，下部褐色。叶干时不明显旋转贴茎，湿时略贴茎或斜展，长圆形至卵圆形，急尖或渐尖，全缘或上部具细圆齿，除顶部外稍外弯；中肋贯顶呈长芒状，平滑或具小齿，下部红褐色。叶中部细胞长圆状六角形或长椭圆形，壁薄，上部细胞多少壁厚，下部细胞呈长方形，壁薄，多为近红色，近叶边缘细胞多少较狭；蒴柄直或弯曲，红褐色。孢蒴干时垂倾，湿时下垂成鹅颈状，长梨形至长卵圆形，深褐色；蒴盖圆锥形，先端近喙状。

生境：多见于高山草甸、灌丛及路边、岩面薄土或土上。

分布：产于我国内蒙古、陕西、青海、新疆、安徽、湖北、四川、贵州、云南、西藏；北极及北半球高海拔地带、亚洲、大洋洲、非洲、欧洲、北美洲亦有分布。

生境照

全叶细胞

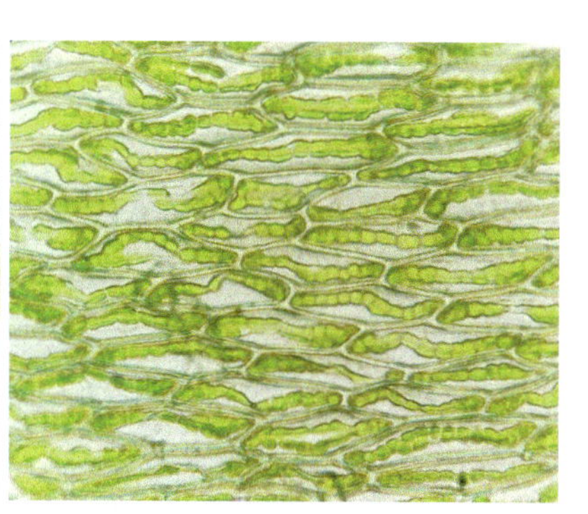

叶中部细胞

174 高山真藓 *Bryum alpinum* Huds. ex With.

植物体丛生，具光泽，通常为美丽的红色，云南多为亮绿色、黄绿色或亮黄褐色，几无假根。茎直立。茎叶稍显硬挺，倾展或直展，干湿变化不大，卵状披针形，渐尖，明显龙骨状，边缘背卷，全缘或在近叶尖部具齿突；中肋粗，贯顶短出。叶中部细胞壁厚，基部细胞长方形，向上呈线状棱形，边缘渐狭。雌雄异株。孢蒴下垂，深红色，长梨形，台部渐狭。蒴齿发育完好。孢子小。

生境： 多见于山地林间岩面薄土、地表及树干上。

分布： 产于我国辽宁、内蒙古、山东、陕西、新疆、湖北、四川、云南、西藏，黑龙江、吉林、山西等省亦有分布；南亚、东南亚、欧洲、美洲及非洲亦有分布记录。

生境照

全叶

叶中部细胞

175 真藓 *Bryum argenteum* Hedw.

植物体银白色至淡绿色，疏松丛状或呈团状簇生，多少具光泽。叶干湿均覆瓦状排列于茎上，宽卵圆形或近圆形，兜状，具长的细尖或短的渐尖乃至钝尖，上部无色透明，下部呈淡绿色或黄绿色，全缘；中肋近绿色，在叶尖下部消失或达尖部。叶中部细胞长圆形或长圆状六角形，常延伸至顶部，壁薄或两端壁厚，上部细胞较大，无色透明，壁多薄，下部细胞六角形或长方形，壁薄或壁厚。孢蒴俯垂或下垂，卵圆形或长圆形，成熟后呈红褐色。

生境：多见于阳光充裕的岩面、土坡、沟谷、林地焚烧后的树桩、城镇老房屋顶及阴沟边缘等处。

分布：产于我国大部分地区；世界广布种。

植株孢蒴

生境照

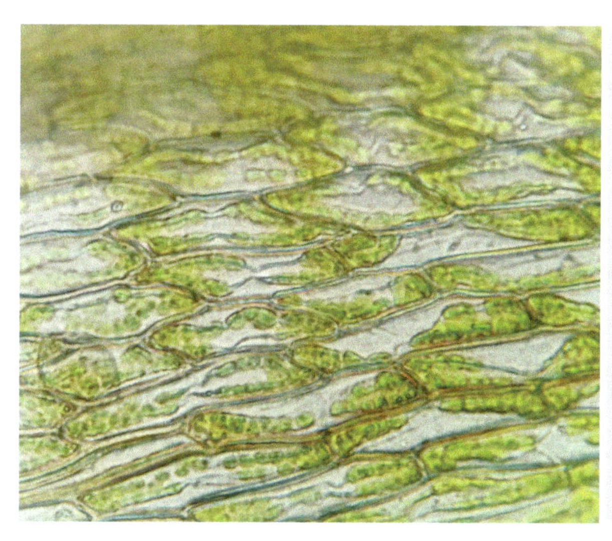

叶中部细胞

全叶

176 比拉真藓 *Bryum billarderi* Schwägr.

植物体多大型。叶在茎上均匀排列或下部叶较稀疏，上部叶多密集，呈莲座状。干时旋转贴茎或不规则皱缩。上部叶长，广椭圆形、长圆形至倒卵圆形，急尖至短的渐尖，叶边缘由下至上2/3明显外卷，全缘，上部平，明显具钝齿；中肋长达叶尖或贯顶并突出成短芒状，黄绿色或近褐色。叶中部细胞长六角形。边缘明显分化为3-4列，下部5-6列线形细胞，壁薄至多少壁厚。孢子体罕见。

生境： 多见于岩面、溪边、腐木及腐殖土上。

分布： 产于我国陕西、江苏、安徽、浙江、湖北、江西、湖南、福建、台湾、广西、四川、贵州、云南、西藏，香港、新疆有分布记录；广布于热带，延伸到南北半球温带地区。

生境照

全叶

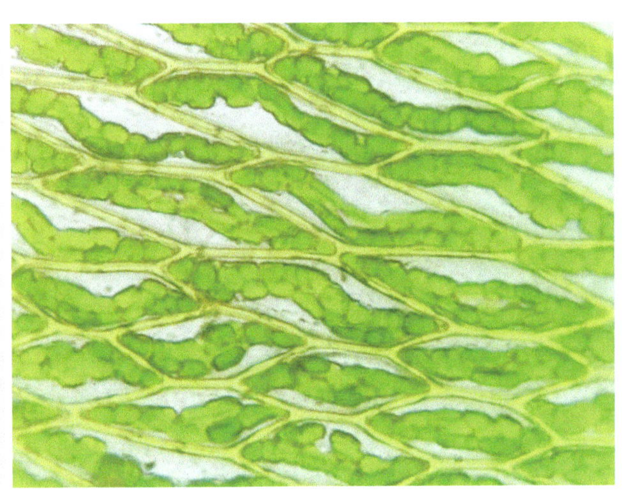

叶中部

177 丛生真藓 *Bryum caespiticium* Hedw.

植物体淡黄色，上部略具光泽。叶干时紧贴于茎，几无扭曲，椭圆状卵形至椭圆形，兜状，中部边缘略向外弯，全缘；中肋基部略带红色，顶部突出具长的芒状。叶中部细胞长六角形，壁薄，向叶边缘变狭，上部细胞近似于中部，下部细胞六角形。叶边缘分化。雌雄异株。蒴柄暗褐色。孢蒴干时俯垂，湿时下垂，长圆形至梨形，蒴台粗，深红褐色。蒴盖突起，顶部具细尖。

生境： 多见于林下、草丛、路边土生及岩面薄土生。

分布： 产于我国辽宁、内蒙古、山东、河南、陕西、新疆、江苏、安徽、湖北、四川、云南、西藏，黑龙江、吉林、河北、山西、上海、浙江、广东、台湾、贵州等地有分布记录；世界广布种。

生境照

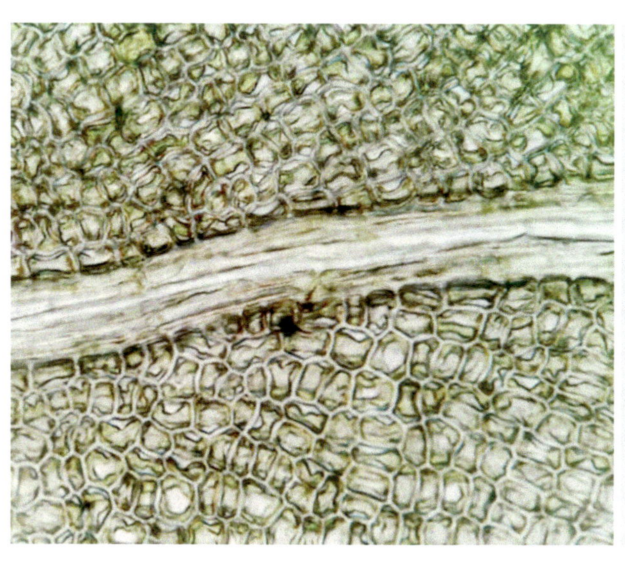

叶中肋细胞

全叶

178 柔叶真藓 *Bryum cellulare* Hook.

植物体黄绿色至红色，茎短，圆柱状，下部叶略小而稀，上部叶稍大而密。叶卵圆形或长圆状披针形，兜状，钝尖或顶部具小急尖头。边缘平展，全缘；中肋在叶尖下部消失或达顶。叶中部细胞稀疏，菱形或伸长的六角形，达叶尖，壁薄。下部细胞长方形。雌雄异株。孢蒴倾斜至平列，干时皱缩，梨形，大小不定，红褐色。蒴台明显短于蒴壶，基部锥形。

生境： 多生于湿润环境中，土生或岩面薄土或钙化土生。

分布： 产于我国山东、江苏、湖北、台湾、广东、香港、重庆、四川、云南，陕西、新疆、上海、安徽、浙江、福建、贵州、西藏有分布记录；本种为热带地区植物，亦可延伸至南北半球温带地区较高海拔地区的湿地。

植株孢蒴　　生境照

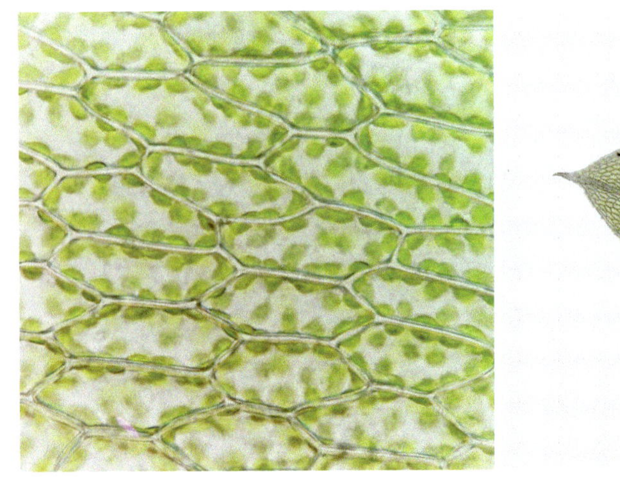

叶中部细胞　　全叶

179 蕊形真藓 *Bryum coronatum* Schwägr.

植物体密集丛生，黄绿色，无光泽，下部暗褐色。茎叶覆瓦状，披针形至卵状披针形，边缘由上至下背卷，全缘；中肋粗壮，褐色，贯顶具长芒状尖。枝叶三角状披针形。叶中部细胞菱状至伸长的六角形，壁薄；边缘细胞狭长方形，壁薄，不明显分化；下部细胞长方形。蒴柄红褐色，孢蒴干时或湿时均俯垂至下垂，长圆形，红褐色，稍具光泽。

生境：多见于喜光的沙质土及岩面薄土上。

分布：产于我国陕西、江苏、湖北、云南、西藏，山东、台湾、广东有分布记录；日本及北半球热带、暖温带地区广布。

生境照

全叶

叶中部细胞

180 圆叶真藓 *Bryum cyclophyllum* (Schwägr.) Bruch & Schimp.

植物体柔弱，稀疏丛生，灰绿色、黄色或褐色。茎淡黄色至近褐色，单一或新生枝叉状分枝。叶柔软，不密集，干时展开及旋扭，湿时直展，长圆状卵圆形至椭圆形，顶部圆形，基部较狭，不明显的下延。边缘平，全缘；中肋达叶尖下部。叶片上部细胞长圆状菱形，壁薄，边缘具数列狭长形细胞，形成不明显的边缘分化。雌雄异株。孢蒴下垂，长倒卵形。蒴齿近黄色。

生境： 多见于林下土生。

分布： 产于我国内蒙古、山东、陕西、江苏、安徽、湖北、四川、云南，吉林、辽宁、新疆、河南、广西、贵州等地有分布记录；广布于北半球大部区域。

生境照

全叶

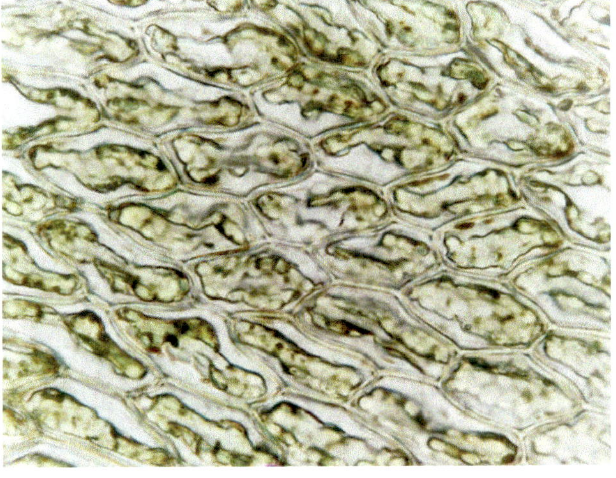

叶中部细胞

181 近高山真藓 *Bryum paradoxum* Schwägr.

植物体黄绿色，无光泽，下部黑色。叶干时紧贴，披针形或长圆状披针形，渐尖，不明显的凹陷，上部边缘具细微齿；中肋突出具短芒状，下部及叶基部多呈红褐色。叶中部细胞狭六角形，达尖部，壁薄或壁略显厚；边缘细胞微狭，不明显分化成线形，细胞壁薄；下部细胞方形至六角形，疏松，红褐色，壁略厚。雌雄异株。蒴柄弯曲，红褐色。孢蒴长梨形至棒状，垂倾，红褐色；台部稍短于壶部。外齿层下部橙色，上部透明；齿条具大的穿孔。

生境： 多为林缘、山地路边、岩面薄土或土生。

分布： 产于我国河南、山东、陕西、甘肃、湖北、贵州、云南、西藏，辽宁、安徽、台湾等地有分布；日本、韩国、印度、尼泊尔、斯里兰卡亦有分布，太平洋两岸、南美洲广布。

植株孢蒴

生境照

全叶

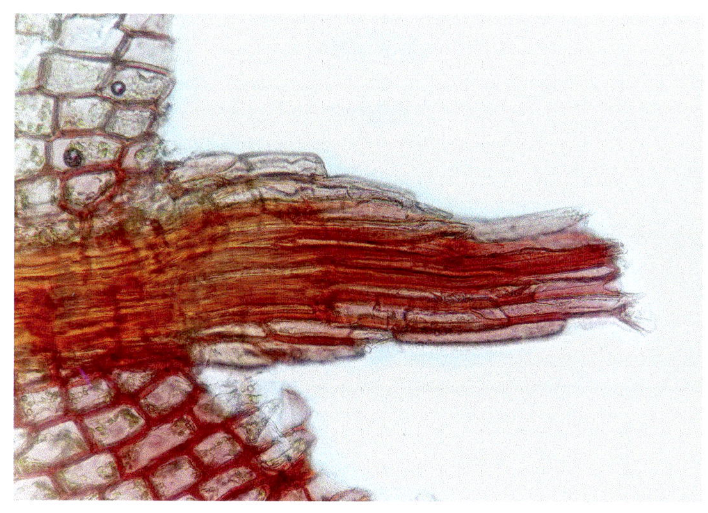

叶基细胞

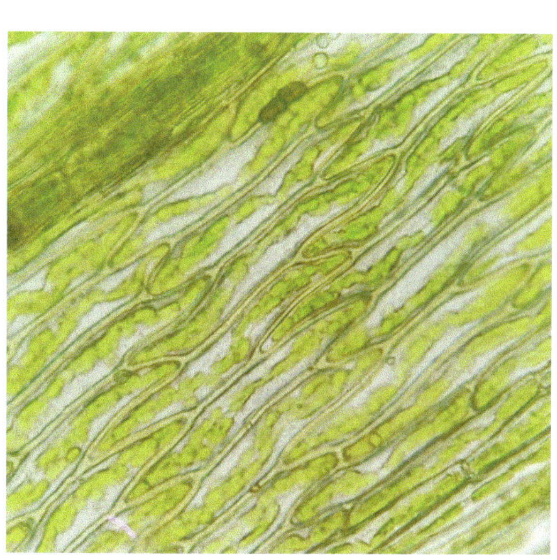

叶中部细胞

182 拟三列真藓 *Bryum pseudotriquetrum* (Hedw.) Gaertn.

植物体强壮，簇生或丛生，上部黄或深绿色，下部深褐色。茎暗红褐色，通常密被假根。叶密集或稀疏着生，干时不明显旋转，下部叶卵圆形，上部叶长圆状披针形或卵状披针形，着生部位红色，上部边缘具齿或全缘，大多数由上至下外卷；中肋贯顶短出或达顶，基部红色。叶中部细胞菱状六角形，壁薄；边缘细胞呈线形；叶下部细胞长方形或伸长的六角形，具不明显厚壁细胞。雌雄异株。蒴柄红褐色。孢蒴平列至俯垂，棒状，红褐色。

生境：多见于林下岩面薄土上。

分布：产于我国吉林、辽宁、山东、陕西、新疆、江苏、安徽、浙江、湖北、四川、云南、西藏，黑龙江、内蒙古、河北、山西、福建、台湾等地有分布记录；广布于南北半球温带地区。

生境照

全叶

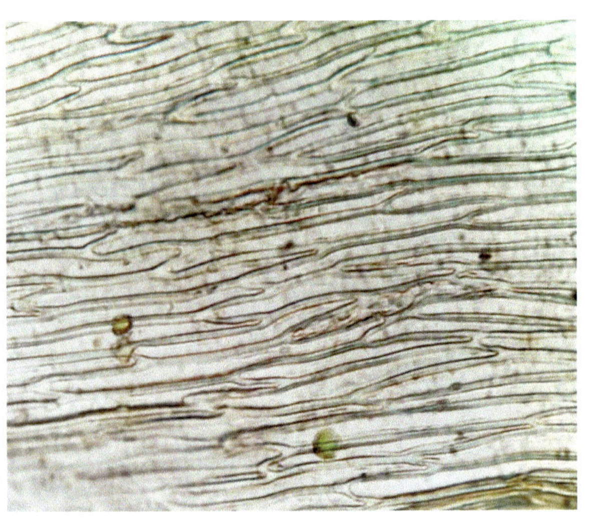

叶中部细胞

183 拟纤枝真藓 ***Bryum petelotii*** **Thér. & Henry**

植物体近似于纤枝短月藓，但在孢子体上明显有别，蒴柄深褐色。孢蒴直立或近直立，长圆形至卵圆形，暗褐色，蒴口小。蒴齿两层，外齿层具细密的疣；内齿层齿条及齿毛不规则着生。蒴盖圆锥状，顶部圆钝。孢子球形。

生境： 多为路边或建筑物周围土生。

分布： 我国湖北、台湾有分布记录；美洲中部热带地区亦有分布记录。

生境照

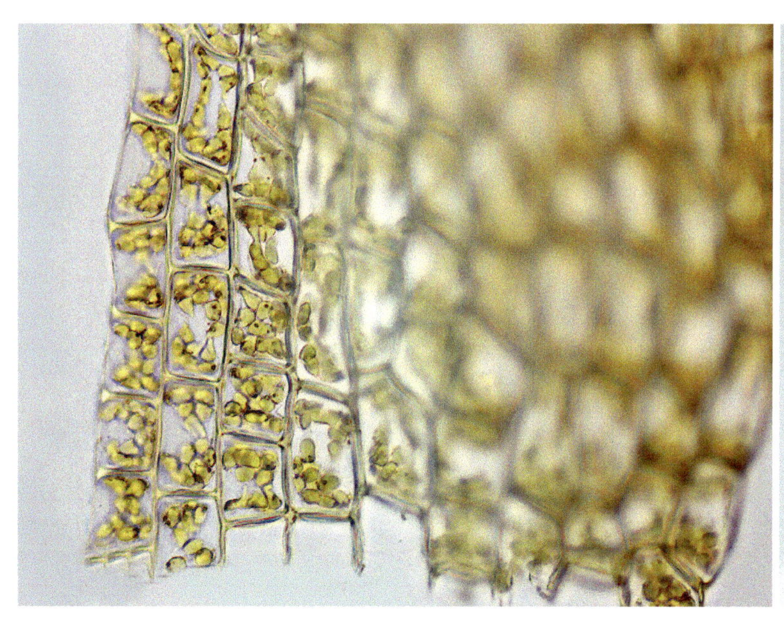

叶基细胞

全叶

184 弯叶真藓 *Bryum recurvulum* Mitt.

植物体高8-20 mm。叶干时紧贴，长圆形至椭圆形，短渐尖，长约2.5 mm，叶由上至下外弯，多全缘，边缘明显分化；中肋多贯顶具短尖头。叶中部细胞菱形或线状菱形，壁稍厚；近边缘较狭，分化边缘由2-3列线形细胞组成，黄褐色；下部细胞近长方形，显红色。

生境：多于1000-1800 m的阔叶林下土生。

分布：我国山西、陕西、新疆、安徽、湖北、台湾、四川、云南、西藏有分布；日本、泰国、不丹及印度尼西亚亦有分布。

生境照

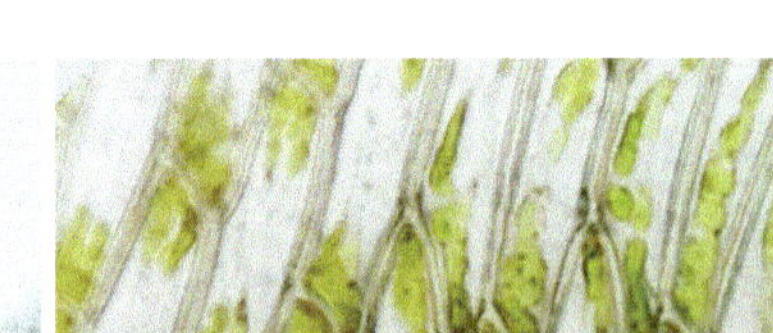

全叶

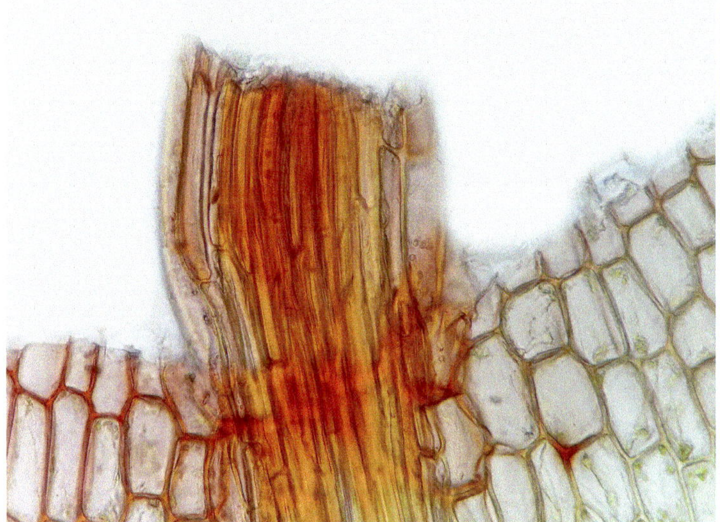

叶基细胞

叶中部细胞

185 拟大叶真藓 *Bryum salakense* Cardot

植物体疏散丛生，干时扭曲。茎直立，上部常具2新生枝，分枝顶部叶大而密集成花瓣状；下部叶较小而稀疏，不明显的龙骨状，长舌状倒卵圆形或匙形，渐尖；中肋粗壮，贯顶长出成芒状。叶中部细胞长菱状六边形，壁薄；边缘明显分化成3-4列狭长淡黄色的厚壁细胞；基部细胞长方形。孢蒴短棒状，蒴齿两层，发育完好。孢子球形，表面具疣。

生境：多见于林下腐殖土上。

分布：产于我国湖北、台湾、云南；东喜马拉雅地区和印度尼西亚等地亦有分布。

生境照

叶中部细胞

全叶

生境照

186 垂蒴真藓 *Bryum uliginosum* (Brid.) Bruch & Schimp.

植物体稀疏或密集丛生，绿色、黄绿色或褐色。茎绿色或有时略带红色，叉状分枝。叶干时不贴茎，湿时直展，顶端呈长的渐尖，边缘多全缘，基部无下延；叶细胞较稀疏，壁薄，长六角形或短菱形，边缘明显为数列长而狭的线形分化细胞，分化细胞黄褐色，呈束状或双层至多层。雌雄同株异序。蒴柄通常非常长。孢蒴平列或下垂，长棒状至梨形；台部与壶部等长或短于壶部，较长的孢蒴常呈弓形，蒴口部多少斜生，不对称，梨形孢蒴蒴口特征不明显。蒴齿黄褐色；内齿层齿条宽；齿毛缺或残留。

生境：多为土生或岩面薄土生。

分布：产于我国湖北、内蒙古、陕西、新疆、云南、西藏，河北、山西、河南、浙江、江苏、四川、贵州有分布记录；北极、北半球温带高山地区、南美洲及新西兰亦有分布记录。

全叶　　　　叶中部细胞

生境照

187 暖地大叶藓 *Rhodobryum giganteum* (Schwägr.) Par.

植物体稀疏丛集，鲜绿色或深绿色。叶在茎顶部呈莲座状。叶片长舌状至匙形，上部明显宽于下部，尖部渐尖，凹形，顶部叶变小；叶上部边缘平或波折状，叶边缘明显具双齿；中下部边缘强烈背卷；中肋下部明显粗壮，渐上变细，达叶尖部。叶中部细胞长菱形，边缘不明显分化。雌雄异株。蒴柄长。孢子长棒状。孢子透明无疣。

生境：多见于林下草丛、湿润腐殖土或阴湿岩面薄土上。

分布：产于我国大部分地区；日本、夏威夷群岛、马达加斯加及南非亦有分布。

生境照

全叶

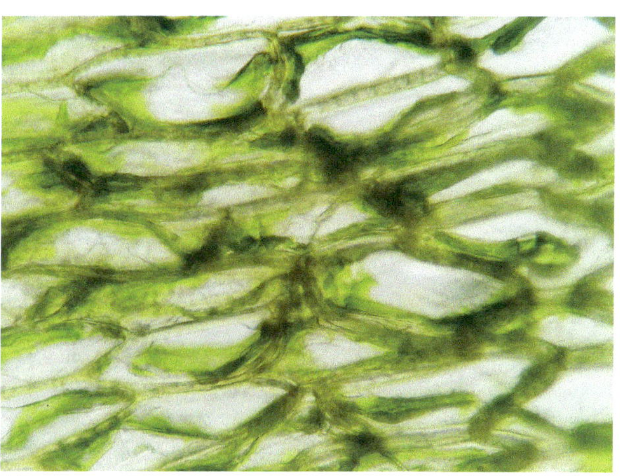

叶中部细胞

188 狭边大叶藓 *Rhodobryum ontariense* (Kindb.) Paris

叶长舌形，上部稍宽于下部。叶上部边缘平展，具齿，下部背卷，边缘细胞不明显分化；中肋达顶或贯顶，横切面位于背部中段，具似马蹄状或近方形的厚壁细胞束，背部仅具1列大的表皮细胞。

生境： 多见于林下湿润腐殖土及岩面薄土上。

分布： 产于我国吉林、辽宁、山西、陕西、安徽、湖北、湖南、广东、台湾、广西、四川、贵州、云南、西藏，我国大部分地区均有分布；非洲亦有分布。

生境照

全叶

叶尖

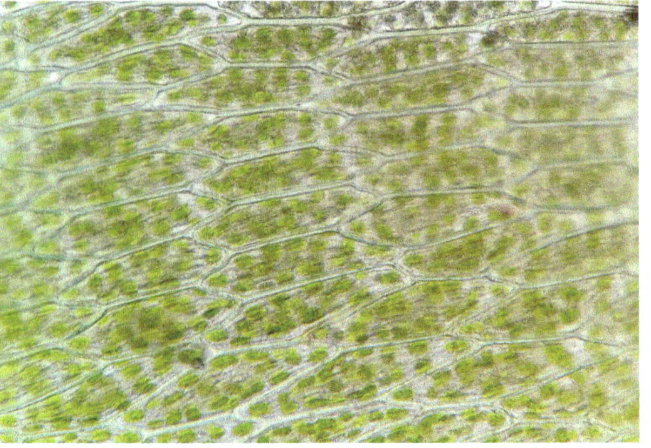

叶中部细胞

189 大叶藓 *Rhodobryum roseum* (Hedw.) Limpr.

植物体矮而形大，绿色或黄绿色，略具光泽，成片散生。茎横生，匍匐伸展，直立茎下部叶片小而呈鳞片状，覆瓦状贴茎；顶部叶簇生呈大型花苞状，长倒卵形或长舌形，锐尖;叶边分化，上部极宽具齿，下部略背卷；中肋单一，长达叶尖；叶细胞薄壁，六角形，基部细胞长方形。雌雄异株。蒴柄着生直立茎顶端，单个或多个簇生。孢蒴圆柱形，平列或垂倾。叶中肋横切面中部具少量有限的厚壁细胞，且叶缘为单列锐齿，背部具2列大型表皮细胞。

生境： 多见于林地上或桦木干上。

分布： 产于我国吉林、湖北；欧洲亦有分布。

生境照

39. 提灯藓科 Mniaceae

190 异叶提灯藓 *Mnium heterophyllum* (Hook.) Schwägr.

植物体纤细，疏松丛生，多亮绿，稀呈暗绿色。茎红色，直立单一，稀具分枝。叶异型，茎下部的叶呈卵圆形，先端渐尖，叶边全缘，分化边不明显；茎中上部的叶呈长卵圆状披针形，先端渐尖，叶基稍下延，叶边稍有分化，具双列尖锯齿，稀具单列齿；中肋红色，消失于叶尖稍下处。叶细胞中等大小，呈不规则多角形，细胞壁角部有时稍加厚；叶缘2-3列细胞稍分化成斜长方状线形。雌雄异株。孢蒴垂倾或平展，呈卵状圆柱形。

生境：多生于林下树基或岩面上，荫蔽的土坡或腐木上。

分布：产于我国黑龙江、吉林、内蒙古、河北、陕西、甘肃、江苏、浙江、湖北、台湾、四川、西藏；日本、朝鲜、印度、尼泊尔、巴基斯坦、俄罗斯（远东地区）、欧洲及北美洲亦有分布。

生境照

植株孢蒴

叶尖

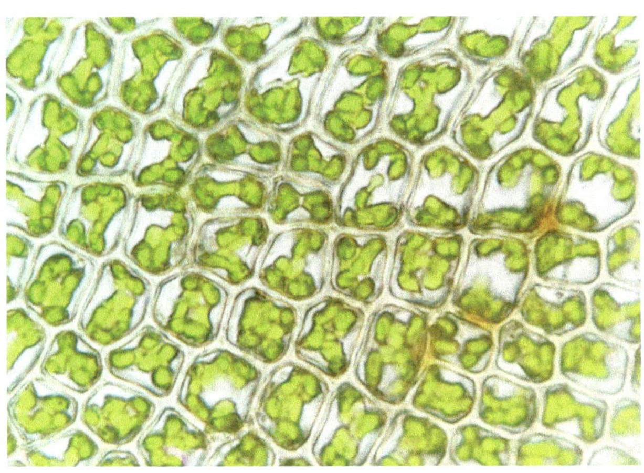

叶片细胞

191 提灯藓 ***Mnium hornum*** **Hedw.**

植物体疏丛生。茎单一，稀具分枝。叶疏生，呈卵圆形，或长卵圆形，先端渐尖，叶基稍下延，叶缘具明显的分化边，叶边中上部具成对的双列齿；中肋单一，消失于叶尖稍下处。叶细胞呈规则的5-6边形。茎基部着生的叶片往往较小，且叶边全缘，无锯齿。孢子体顶生；蒴柄细长；孢蒴悬垂，呈卵状圆柱形。

生境： 多生于林地上、阴湿的林缘土坡上，以及沟边路旁土地上。

分布： 产于我国陕西、湖北、广西、四川、贵州；日本、俄罗斯（萨哈林岛及远东地区）、欧洲、北非及北美洲亦有分布。

生境照

全叶

叶尖

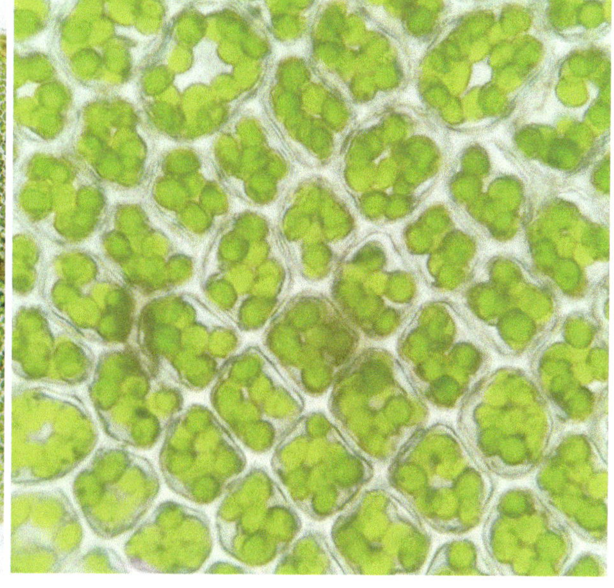

叶片细胞

192 平肋提灯藓 *Mnium laevinerve* Cardot

植物体纤细，暗绿带红棕色，疏松丛生。茎直立，红色，疏具小分枝，基部密被红棕色假根。叶卵圆形，渐尖，叶缘具分化的狭边，叶边上下部均具双列尖锯齿；中肋红色，背面平滑无刺状突起。叶细胞呈不规则多角形，或稍带圆形，细胞壁薄，仅角部略加厚；叶缘2-3列细胞分化成斜长方形或线形。孢子体单生。蒴柄黄红色。孢蒴长椭圆形，平展或垂倾。

生境： 多生于林地、腐木或树干上，以及林缘、路边、沟旁阴湿的土坡上。

分布： 产于我国黑龙江、吉林、内蒙古、山西、河南、湖北、台湾等地；俄罗斯（远东地区）、朝鲜、日本、印度北部、不丹及菲律宾亦有分布。

生境照

全叶

叶缘

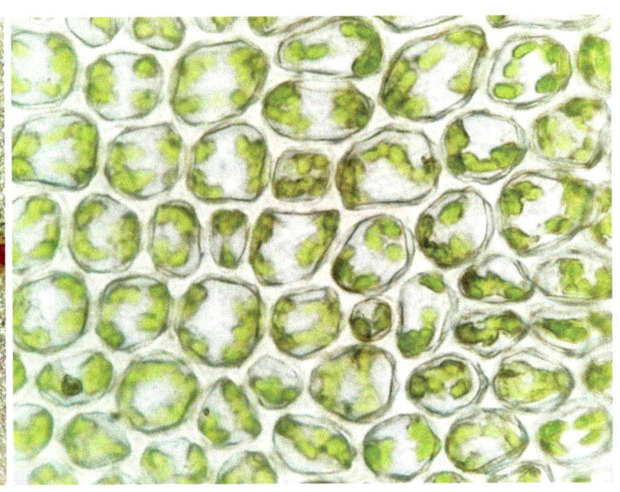

叶片细胞

193 长叶提灯藓 *Mnium lycopodioiodes* Schwägr.

植物体较纤细，疏松丛生，呈暗绿色。茎直立，红色，稀分枝。叶疏生，干时卷曲，呈长卵状披针形，叶基较狭，先端渐尖；叶缘具明显分化的狭边，叶边带红色，上下均具双列尖齿；中肋红色，长达叶尖，背面上部具刺状齿。叶细胞中等大小，呈不规则多角形，或稍带圆形，细胞壁薄，角部稍增厚；叶缘2-3列细胞分化成蠕虫形或线形。雌雄异株。蒴柄细。孢蒴倾立，呈卵状圆柱形，蒴口大。

生境： 生于海拔1500-3000 m一带的林地、树根、腐木上，或林缘、沟边的阴湿土坡上。

分布： 产于我国黑龙江、吉林、辽宁、内蒙古、河北、陕西、新疆、湖北、四川；日本、阿富汗、尼泊尔、越南、欧洲及北美洲亦有分布。

生境照

全叶

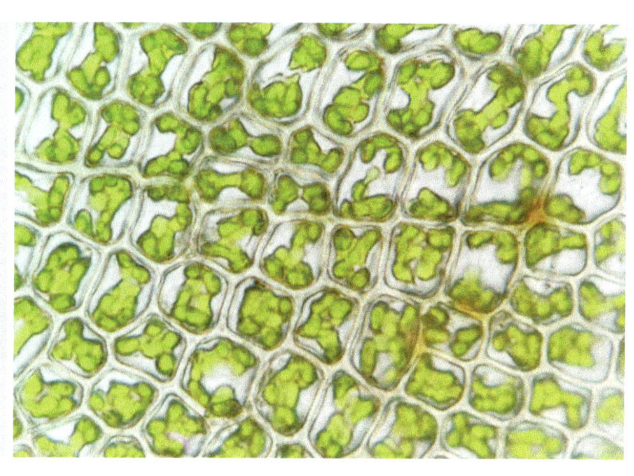

叶片细胞

194 具缘提灯藓 *Mnium marginatum* (With.) P. Beauv.

植物体疏丛生，暗绿色。茎直立单生，稀具分枝，基部密被红棕色假根。叶干时卷曲，湿时伸展，呈卵圆形，基部狭缩，稍下延，先端渐尖，顶部具长尖头，叶缘具分化的狭边，叶边中上部具双列细且钝的锯齿。中肋红色，长达叶尖，背面全部平滑无齿。叶细胞小，呈不规则圆形，胞壁厚；叶缘2-3列细胞分化成长方形至线形。雌雄混生同苞。孢子体单生；蒴柄黄色。孢蒴卵状长椭圆形，平展或垂倾。

生境： 多生于针叶林地或桦木林下，一般生于腐殖土上，或岩面薄土上。

分布： 产于我国内蒙古、陕西、湖北、台湾、四川；蒙古国、阿富汗、印度、中亚地区、俄罗斯、欧洲、北非、北美洲、中美洲及大洋洲亦有分布。

生境照

全叶

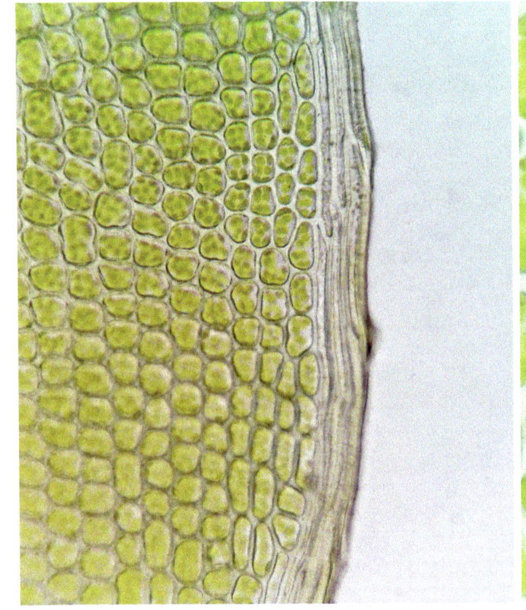

叶缘细胞

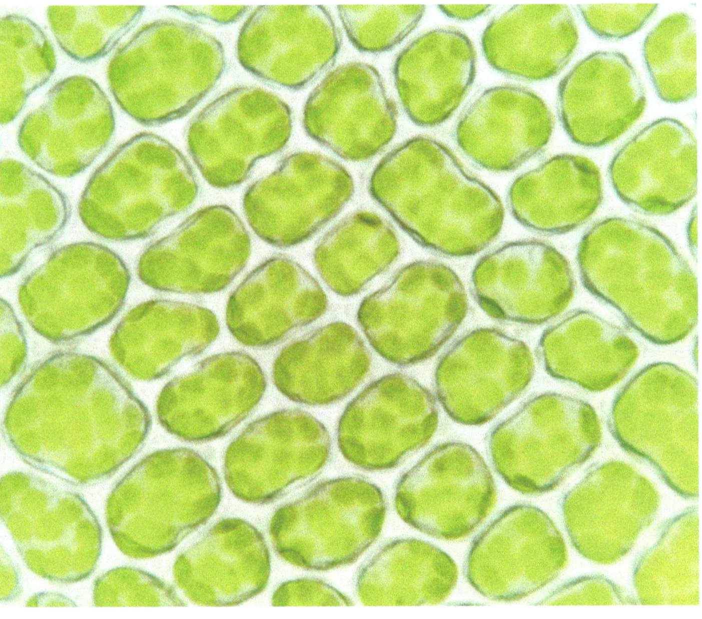

叶片细胞

195 小刺叶提灯藓 *Mnium spinulosum* Bruch & Schimp.

植物体疏丛生，呈鲜绿或黄绿色，基部密被棕褐色假根。茎直立，不分枝。叶呈阔倒卵状椭圆形，基部狭缩，稍下延，先端急尖，顶部具小尖头；叶缘具分化的狭边，叶边中上部具双列粗锯齿；中肋粗壮，长达叶尖，背面平滑无齿。叶细胞六角形，或呈不规则多边形，细胞壁薄；叶缘2-4列细胞呈狭长菱形或线形。孢子体单生或丛出。蒴柄细长。孢蒴呈卵状圆柱形。

生境： 多生于林地上、树根部或树干及树枝上，或岩面薄土上。

分布： 产于我国吉林、河北、湖北；日本、俄罗斯（远东地区）、中亚、欧洲及北美洲亦有分布。

生境照　　全叶

叶尖　　叶缘细胞

196 尖叶匐灯藓 *Plagiomnium acutum* (Lindb.) T. J. Kop.

植物体疏松丛生，多呈鲜绿色，有光泽。茎匍匐，营养枝匍匐或呈弓形弯曲，疏生叶，着地部位密生黄棕色假根；生殖枝直立，叶多集生于上段，下部小枝斜伸或弯曲。叶干时皱缩，湿时伸展，呈卵状阔披针形、椭圆形或卵圆形，叶基先端渐尖；叶缘具明显的分化边，边中上部具单列锯齿；中肋平滑，长达叶尖。叶细胞呈不规则的多边形，细胞壁薄。雌雄混生同苞。孢子体单生，具红黄色长蒴柄。孢蒴下垂，呈卵状圆筒形。

生境： 多生于海拔600-2000 m及以下的低山沟谷地，常见于溪边或路旁土坡上，林缘或林下。

分布： 产于我国黑龙江、吉林、辽宁、湖北、江西、湖南、福建、四川、贵州等地；缅甸、印度北部、尼泊尔、不丹、越南、朝鲜、日本、蒙古国、俄罗斯及中亚等地亦有分布。

生境照

全叶

叶缘细胞

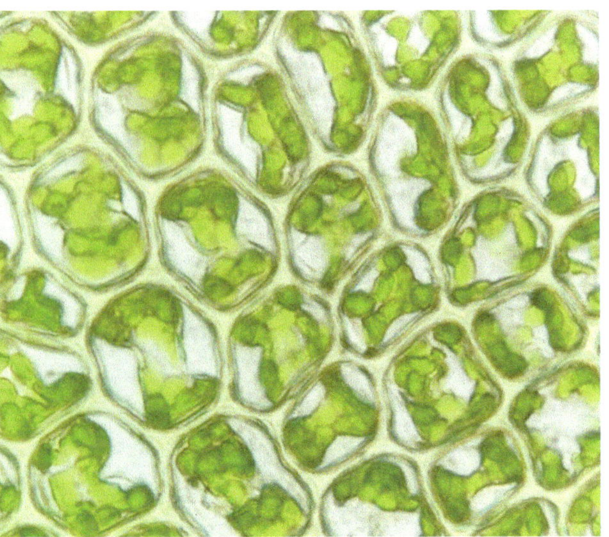

叶片细胞

197 皱叶匐灯藓 *Plagiomnium arbusculum* (Müll. Hal.) T. J. Kop.

植物体疏松丛生。主茎匍匐，密被褐色假根；次生茎直立，下段疏生假根，上段密被叶，生殖茎顶簇生叶，集成莲座状，且往往在茎先端簇生多数小枝，呈小树状，不孕茎单生，先端往往呈尾状弯曲，不分生小枝。叶干时皱缩，湿时伸展，呈狭长卵圆形，或带状舌形茎叶较长，小枝上的叶片具明显的横波纹，先端急尖或渐尖，叶缘具明显的分化边，叶边几全部具密而尖的锯齿；中肋粗壮。叶细胞较小，呈多角状不规则圆形，细胞壁角部均加厚；叶缘2-3列细胞分化成斜长方形至线形。孢子体顶生，往往多个丛出；孢蒴垂倾，呈长卵状圆柱形。

生境： 多生于林地上、林缘或沟边的阴湿土坡上，或岩壁上。

分布： 产于我国黑龙江、吉林、河南、陕西、甘肃、青海、湖北、四川；尼泊尔、不丹及印度东北部亦有分布。

生境照

叶尖

叶基

叶片细胞

198 匐灯藓 *Plagiomnium cuspidatum* (Hedw.) T. J. Kop.

植物体疏松丛生，呈暗绿或黄绿色，无光泽。茎及营养枝均匍匐生长或呈弓形弯曲，疏生叶，在着地的部位均丛生黄棕色假根。叶呈阔卵圆形，或近于菱形，叶基狭缩，基角部往往下延，先端急尖，具小尖头；叶缘具明显的分化边，叶边中上部多具单列锯齿，仅枝上幼叶的叶边近于全缘；中肋平滑，长达叶尖且稍突出。叶细胞壁薄，但角部稍增厚，呈多角状不规则的圆形。生殖枝直立，叶多集生于上段，其上的叶呈长卵状菱形或披针形。雌雄异株。蒴柄红黄色。孢蒴呈卵状圆筒形。

生境：多见于东北山区林地上、西南高原的高山林地上、林缘土坡上、草地上、沟谷边或河滩地上。

分布：产于我国吉林、辽宁、湖北、四川、云南、西藏；印度北部、日本、俄罗斯（哈巴罗夫斯克及萨哈林岛）、中亚、欧洲、北非、中非及北美洲、中美洲亦有分布。

生境照

全叶

叶尖

叶片细胞

199 全缘匐灯藓 *Plagiomnium integrum* (Bosch & Sande Lac.) T. J. Kop.

植物体疏松丛生。主茎匍匐，密被黄棕色假根，稀被叶；次生茎直立，下段具假根，上段密被叶。叶片干时皱缩，湿时伸展，呈阔椭圆形或阔卵圆形，先端急尖，顶部具小尖头，基部缩小；叶缘具分化的狭边，边全缘，稀具疏而钝的微齿；中肋粗壮，长达叶尖。叶细胞呈椭圆状六角形或斜长方形，细胞壁薄，角部稍增厚。雌雄异株。孢蒴呈卵状长圆筒形，直立或倾立。

生境：多生于溪旁及林缘潮湿的岩壁上，以及林下及路边岩面薄土上。

分布：产于我国黑龙江、吉林、河北、陕西、甘肃、湖北、湖南等地；印度北部、尼泊尔、不丹、缅甸、印度尼西亚、马来西亚（沙巴）及菲律宾亦有分布。

生境照

全叶

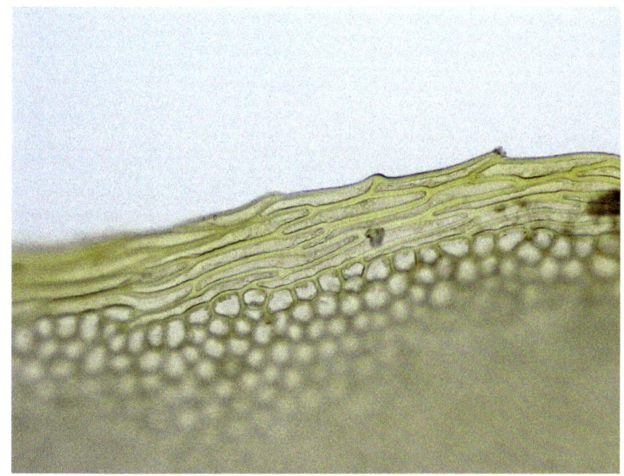
叶缘细胞

叶片细胞

200 日本匐灯藓 *Plagiomnium japonicum* (Lindb.) T. J. Kop.

植物体较粗壮，呈暗绿色。茎匍匐，密被红棕色假根，生殖枝直立，下段被红棕色假根，上段生叶；不孕枝呈弓形弯曲，其上疏被叶。叶干时皱缩，湿时伸展，多呈阔倒卵圆状菱形，叶基部狭缩，先端急尖，顶端具略弯斜的长尖头；叶缘具分化的狭边，边缘中上部具长尖锯齿，齿往往呈钩状弯曲；中肋粗壮，往往消失于叶尖稍下处。叶细胞较大，呈不规则的五角形、六角形；叶缘中下部的3-5列细胞分化成斜长方形。雌雄异株。孢子体单生或2-3个丛出。孢蒴悬垂，呈长卵形，稍偏斜。

生境：多生于海拔2000-3000 m及以上的暗针叶林下，在阴湿林下、林缘沟边及土坡上常见；低海拔的阔叶林下也可生长。

分布：产于我国黑龙江、吉林、辽宁、河北、陕西、浙江、湖北、江西、四川；印度东北部、尼泊尔、朝鲜、日本及俄罗斯（远东地区）亦有分布。

生境照　　全叶

叶尖　　叶片细胞

201 侧枝匐灯藓 *Plagiomnium maximoviczii* (Lindb.) T. J. Kop.

植物体疏松丛生。主茎横卧，密被棕色假根；次生茎直立，基部密生假根，先端簇生叶，呈莲座状；枝条往往斜生或弯曲。茎叶呈长卵状或长椭圆状舌形，叶片上具数条横波纹，叶基部狭缩，先端急尖或圆钝，具小尖头；叶缘具明显的分化边，边密被细锯齿；中肋粗壮，长达叶尖。叶细胞较小，呈多角状不规则圆形。雌雄异株。孢子体往往多个丛出。孢蒴平展或下垂，呈卵状长圆柱形，蒴盖呈圆锥形，先端具长喙状尖头。

生境： 生于沟边水草地、林地上或林缘阴湿地上。

分布： 产于我国吉林、河北、河南、陕西、湖北、江西、湖南等地；印度北部、朝鲜、日本、俄罗斯亦有分布。

生境照

全叶

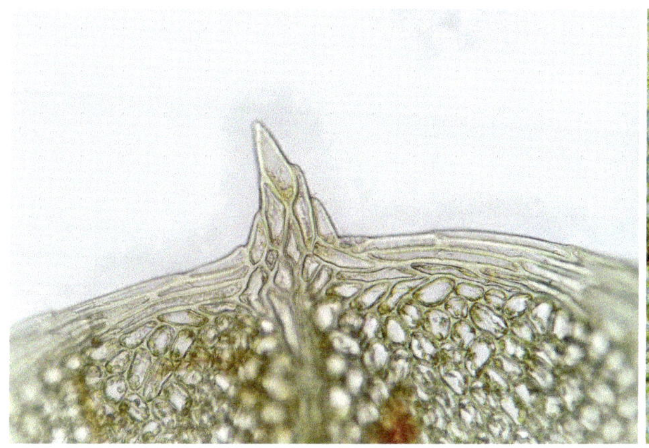

叶尖细胞

叶片细胞

202 钝叶匐灯藓 *Plagiomnium rostratum* (Schrad.) T. J. Kop.

植物体纤细，疏松丛生。主茎横卧，密被假根；营养枝匍匐或弓形弯曲，着地处簇生假根，疏生叶；生殖枝直立，基部着生假根，先端集生叶。叶面具数条横波纹，呈卵状舌形或矩圆形，叶基狭缩，不下延，先端圆钝，具小尖头；叶缘具由3-5列狭长细胞构成的明显分化的狭边，边中上部具单列细胞构成的钝齿；中肋粗壮，长达叶尖；营养枝上的叶较小，呈卵状圆形，且叶边近于全缘。叶细胞较大，呈多角状近圆形，细胞壁角部稍加厚。雌雄混生同株。孢子体单生或丛出。孢蒴垂倾或悬垂，呈长卵状圆筒形。

生境： 多生于林地上、阴湿的岩面薄土上或林缘及路边土坡上。

分布： 产于我国黑龙江、吉林、辽宁、内蒙古、河北、河南、陕西、湖北等地；俄罗斯（远东地区）、印度西北部、缅甸、阿富汗、欧洲、北非、中美洲及北美洲、澳大利亚亦有分布。

生境照　　全叶

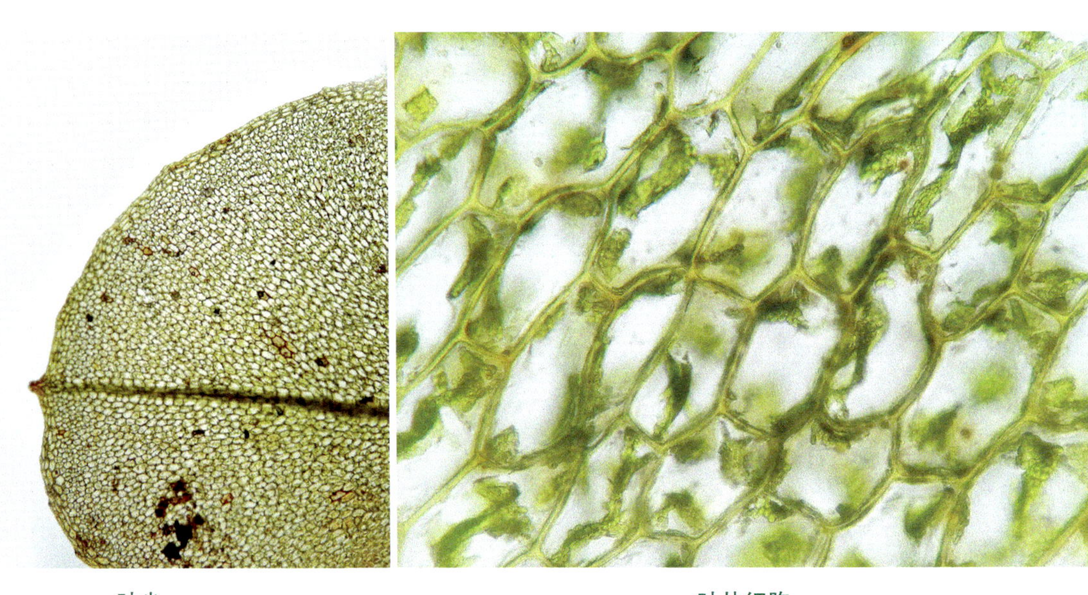

叶尖　　叶片细胞

203 大叶匐灯藓 *Plagiomnium succulentum* (Mitt.) T. J. Kop.

植物体较粗壮，疏松丛生，亮绿或褐绿色。茎匍匐，疏被叶，密生假根；不孕枝匍匐或倾立，疏被叶，下段往往密被假根；生殖枝直立，基部着生假根，顶端簇生叶。叶干时卷缩，呈阔卵圆形或阔椭圆形，基部缩小，不下延，先端圆钝，具小尖头；叶缘具不明显分化的狭边，边中上部疏具细钝齿，幼叶边近于全缘；中肋在叶尖以下消失。叶细胞较大，呈斜长的五角形、六角形，或近于长方形，壁薄，往往从叶缘至中肋排成平行的斜列；近叶缘的细胞呈不规则的五边形；叶边的细胞分化成狭长线形。雌雄同株。孢蒴平展或下垂。

生境： 多生于海拔500-2000 m地带的阔叶林下，在林地、岩石面薄土、林缘土坡、路边及沟边湿地上均可生长。

分布： 产于我国陕西、安徽、江苏、湖北、江西、福建、海南、广西等地；印度南部及东北部、尼泊尔、不丹、缅甸、越南、泰国、朝鲜、日本、印度尼西亚、马来西亚亦有分布。

生境照

全叶

叶缘

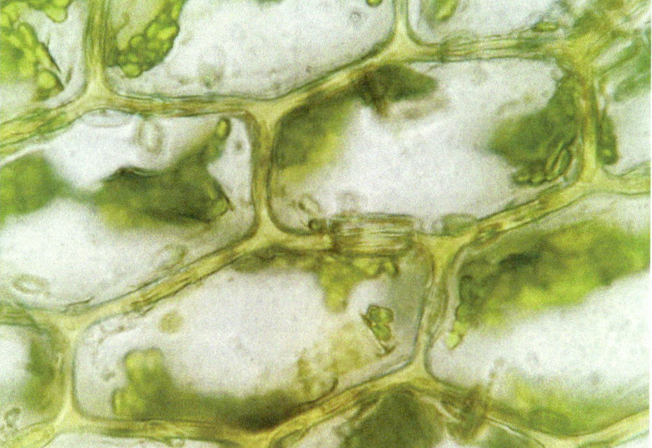

叶片细胞

204 具丝毛灯藓 *Rhizomnium tuomikoskii* T. J. Kop.

植物体较细小。茎直立，中下段密被假根，其上往往着生由多细胞排成单行而形成的丝状芽孢体。叶干时略呈波状，湿时伸展或背仰，中下部叶较小，顶部叶较大，叶片呈倒卵圆形或阔匙形；叶边全缘，具狭分化边；中肋基部粗，向上渐细，长达先端以下消失。叶中部细胞呈规则的六角形，细胞壁薄；上部细胞较小，呈椭圆状六角形。内雌苞叶较小，分化成狭长匙形。雌雄异株。孢子体单生。蒴柄细，呈黄棕色。孢蒴呈卵状圆柱形。孢子呈不规则圆形。

生境： 多生于海拔3000-3800 m一带的高山针叶林下，长于林地、岩面、林缘土坡上。

分布： 产于我国湖北、四川、云南、西藏等地；日本亦有分布。

生境照

叶尖

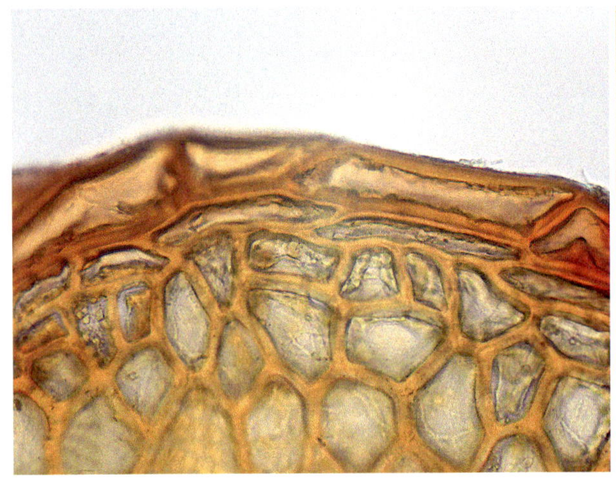

叶缘细胞

叶片细胞

205 疣灯藓 *Trachycystis microphylla* (Dozy & Molk.) Lindb.

植物体纤细，单生或自茎顶丛出多数细枝，干时往往向一侧弯曲。枝及茎上部的叶均呈长卵圆状披针形，先端渐尖，叶基宽大；叶缘分化边不明显，叶边细胞单层，上部具单列细齿；中肋长达叶尖，先端背面具数枚刺状齿。叶细胞较小，呈多角状圆形，细胞壁薄，两面均具大而短的单疣或乳头状突起；叶缘细胞几同形或呈短矩形，平滑无疣。茎下部的叶较小，疏生，往往异型，多呈卵状三角形，叶边多全缘。

生境： 多生于海拔2000-3900 m一带林区，生于林地、林缘土坡及岩面薄土上。

分布： 产于我国黑龙江、河南、陕西、安徽、江苏、浙江、湖北、江西、湖南、贵州、云南等地；朝鲜、日本及俄罗斯（哈巴罗夫斯克）亦有分布。

生境照

全叶

叶缘

叶片细胞

206 树形疣灯藓 *Trachycystis ussuriensis* (Maack & Regel) T. J. Kop.

植物体较粗壮，呈暗绿至黄绿色，往往密集丛生，干时枝条多呈羊角状弯曲。生殖枝直立，先端往往丛生多数小分枝；营养枝呈弓形弯曲或斜伸。叶密生，干时卷曲，湿时伸展，呈长卵圆形或阔卵圆形，叶基阔，稍下延，先端渐尖；叶边中上部具单列尖锯齿；中肋粗壮，长达叶尖部，下段挺直，上段略呈波状弯曲，背面疏被刺状疏齿。叶细胞较小，呈多角状圆形，细胞壁厚，叶缘细胞呈方形或长方形。雌雄异株。孢子体单生。蒴柄黄红色。孢蒴平展或垂倾，呈卵状圆柱形。

生境：多生于北方高寒山区，在我国南方则生于海拔2800-4000 m一带的高山针叶林下，多见于南坡的云杉、铁杉及高山栎林地上及岩石上，或林缘土坡上。

分布：产于我国黑龙江、吉林、内蒙古、河北、河南、陕西、甘肃、湖北等地；朝鲜、日本、蒙古国和俄罗斯（萨哈林岛、哈巴罗夫斯克及远东地区）亦有分布。

生境照

全叶

叶片细胞

40. 木灵藓科 Orthotrichaceae

207 短齿变齿藓 *Zygodon brevisetus* Wilson ex Mitt.

植物体簇生或垫状生长，绿色至黄绿色。茎二歧分枝，直立。叶片紧贴着生至向外倾立。叶片披针形至卵状披针形，无龙骨状突起，渐尖，但不形成毛尖；叶边平直，全缘。中肋在叶尖下部消失。叶细胞方形至圆方形，壁厚，具疣；叶片基部细胞平滑，壁薄，长方形，向边缘处细胞逐渐变为方形。雌苞叶不分化。蒴柄直立。孢蒴直立，长梨形，干时具8个条纹。

生境：多生于树干、树枝上。

分布：产于我国湖北、四川、云南、西藏；印度亦有分布。

生境照

全叶

叶尖

叶片细胞

208 中国木灵藓 *Orthotrichum hookeri* Wilson ex Mitt.

植物体疏松丛生，下部棕色至近黑色，上部橄榄绿色至黄绿色。茎单一或分枝，整个茎上密生叶片，基部卵形，长渐尖或锐尖，上部经常部分的龙骨状突起且略有波纹；中肋达叶尖下部；叶边内卷。上部叶细胞圆长方形或圆方形，壁厚，有疣；基部叶细胞长方形或菱形，壁厚，具壁孔，在近基部处细胞变短和宽；叶基部边缘细胞近长方形；角细胞有时分化成大的、红色的细胞，充满整个叶基部；叶尖细胞逐渐变成狭长。未见芽孢。雌雄同株异苞。雌苞叶不分化。孢蒴长卵形至圆柱形，干时平滑或略具纵褶，高出苞叶。孢子球形，棕色，具疣。蒴帽钟状，多少具毛，但不到顶，极少完全裸露。

生境： 多生于树干或灌丛，极少在岩面。

分布： 产于我国甘肃、青海、新疆、湖北、重庆、四川、云南、西藏；尼泊尔、不丹和印度亦有分布。

生境照　　叶中部

叶中部细胞　　叶片细胞

209 球蒴木灵藓 *Orthotrichum leiolecythis* Müll. Hal.

植物体疏松丛生，下部暗褐色至黑色，上部黄褐色至橄榄绿色。茎基部不分枝，上部二歧分枝，有时下部无叶；假根仅生于基部；叶干时直立并且紧贴，有少数茎顶部的叶具扭曲的尖部，叶卵状披针形，锐尖或短尖，有时在中部龙骨状；中肋达叶尖下部；叶边全缘，在叶尖部下至基部上外卷。上部细胞圆方形至长形，壁厚；叶边细胞短；基部叶细胞长方形至菱形，壁薄，平滑或稍具壁孔。中肋处细胞不分化。未见芽孢。雌雄同株异苞。雌苞叶不分化。孢蒴卵圆形至卵圆状圆柱形。孢子球形，细疣，黄褐色。蒴帽圆锥形，平滑，有时具直而具疣的毛覆盖顶部，极少裸露。

生境：多生于树上。

分布：产于我国湖北、陕西、四川；中国特有种。

生境照

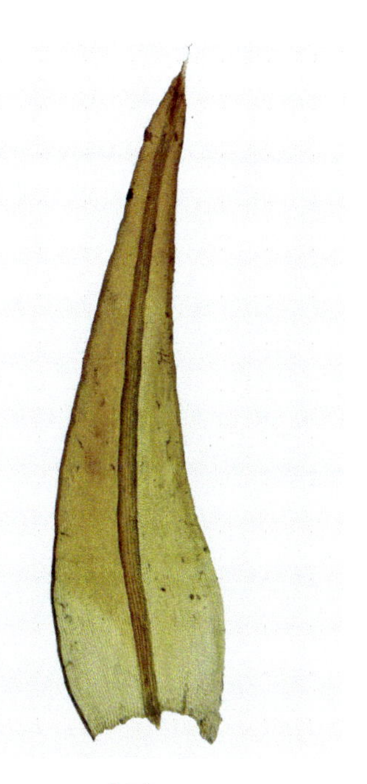

全叶

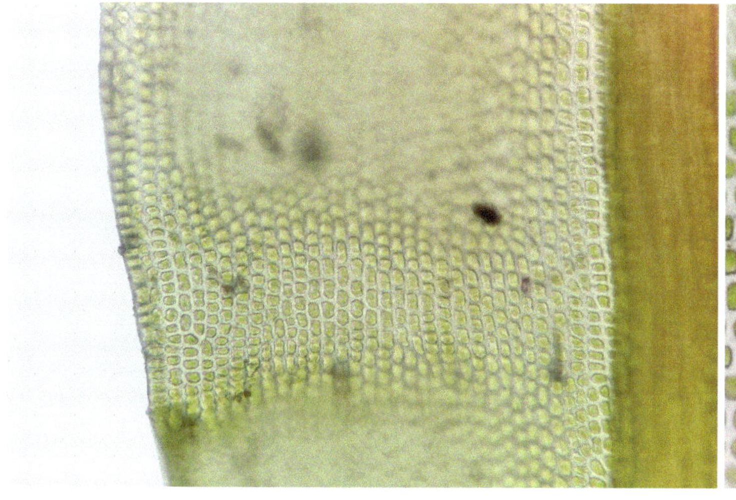

叶缘

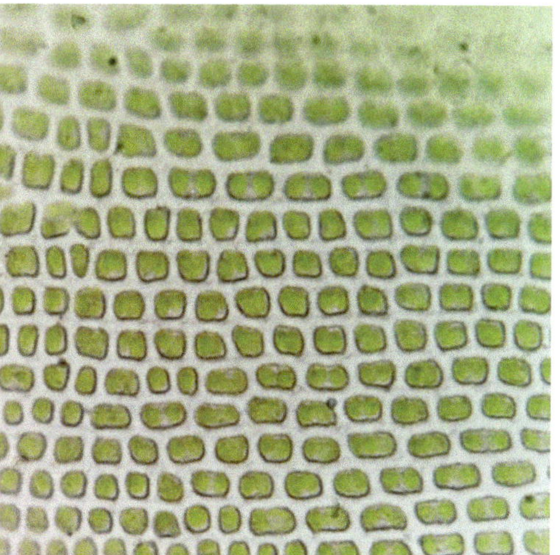

叶片细胞

210 福氏蓑藓 *Macromitrium ferriei* Cardot & Thér.

植物体呈密集的片状生长，下部黑褐色，上部黄绿色。主茎匍匐；枝条直立，尖部圆钝。茎叶黄色，椭圆状披针形，明显呈龙骨状，基部褐黄色；叶边外曲；中肋达叶尖。茎叶中部细胞透明，六边形或长方形，壁厚；基部细胞近线形；枝叶黄色，椭圆状披针形、线形或卵状披针形，圆钝至渐尖，龙骨状，基部褐黄色；叶边近于全缘或疣状小圆齿，外弯；中肋黄褐色。枝叶的中部细胞呈泡状，六边形，细胞壁薄但具角隅加厚，不透明。雌雄同株异苞。蒴柄直立平滑，棕色。孢蒴直立，卵状椭圆形或椭圆形。蒴盖为具喙的圆锥形。蒴齿单层，齿片线形至披针形，尖部圆钝。孢子圆形，具细疣。蒴帽兜形，其上具多数褐黄色的毛。

生境：多生于树干、树枝、岩面上。

分布：产于我国湖北、湖南、广东、广西、重庆、四川、云南、西藏等地；朝鲜和日本亦有分布。

生境照

全叶

叶中部

叶片细胞

211 钝叶蓑藓 *Macromitrium japonicum* Dozy & Molk.

植物体紧密，暗绿色垫状，下部黑褐色，顶部黄绿色。茎长而匍匐；分枝直立，末端圆钝，短，单一，其上有短小枝，密生叶片。茎叶外曲，从一个三角状卵形的基部，逐渐向上收缩成椭圆状披针形的尖部，线形，锐尖或钝尖，尖部略内卷，基部处最宽，黄褐色，呈明显的龙骨状；中肋粗，达叶尖下部。枝叶干燥时内曲或内曲状卷缩，湿润时伸展，尖部内曲，基部无色，舌形或亚线形，锐尖、钝尖或宽的圆尖，明显的龙骨状，基部多少有纵褶，尖部内曲至直立；叶边外卷；中肋粗，黄棕色，达叶尖下部。雌雄异株。蒴柄直立，平滑，黄棕色。孢蒴直立，卵形、卵状椭圆形或球形，干时收缩，黄棕色。蒴盖圆锥形，喙多少倾斜。蒴齿单层，蒴齿近于线形，尖部钝形，外部不规则，具密疣。孢子近球形或卵形，具密疣。

生境：多生于树干、树枝、岩面上。

分布：产于我国山东、陕西、湖北、湖南、广东、广西、重庆、云南；日本亦有分布。

生境照

全叶

叶尖

叶片细胞

212 中华蓑藓 *Macromitrium cavaleriei* Cardot & Thér.

植物体中等大小，上部黄绿色至暗绿色，下部棕黑色，呈黄绿色垫状。主茎匍匐，分枝直立，分枝上有次生小分枝。茎叶三角形或三角状披针形，湿时反折或背仰；枝叶线状披针形或披针形，具渐尖或狭渐尖，少数钝尖；中上部叶细胞壁薄，界限清晰，具2-4个矮疣或几乎光滑无疣；下部叶细胞菱形、长方形或长条形，光滑或具单疣。雌苞叶椭圆状披针形，具狭渐尖，呈长毛尖状。孢蒴卵状椭圆形或椭圆柱形，蒴齿单层，披针形。蒴帽钟状，具毛。

生境：多生于树干上，海拔900-2800 m。

分布：产于我国吉林、山东、河南、江苏、安徽、浙江、湖北、江西、湖南、四川等地；日本亦有分布。

生境照

全叶

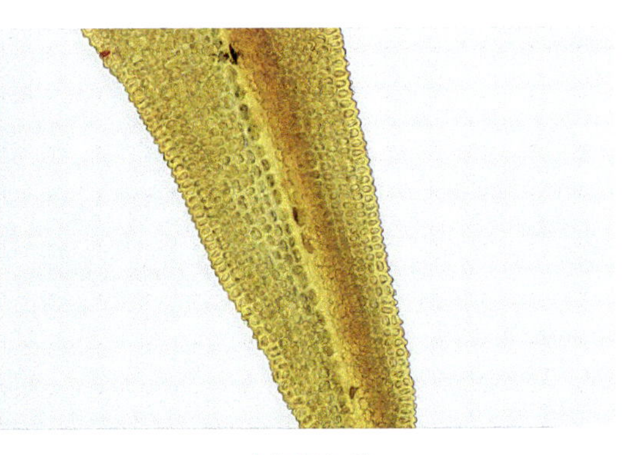

叶上部细胞

植株孢蒴

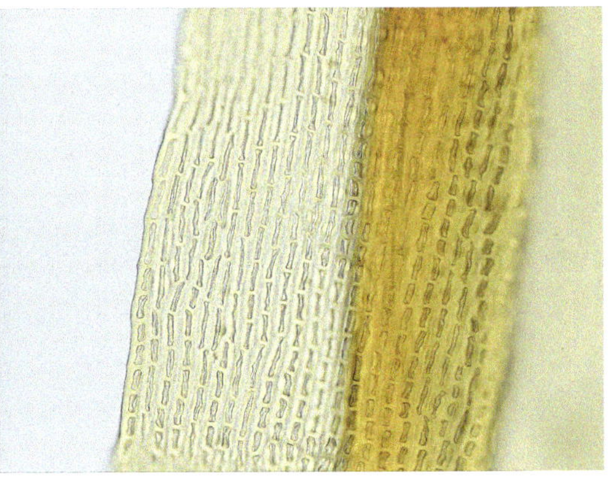

叶下部细胞

41. 桧藓科 Rhizogoniaceae

213 大桧藓 *Pyrrhobryum dozyanum* (Sande Lac.) Manuel

植物体粗壮，黄绿色或褐绿色，有时红棕色，密集丛生。茎直立，单生或呈束状分枝，全株密被褐色假根。叶密生，狭长披针形，先端渐尖；叶边分化，具多层细胞，基部平滑，中上部具双列锐齿；中肋粗壮，背面上部具刺状齿突。叶细胞呈4-6边形，壁厚，基部细胞常带黄色。雌雄异株。雌苞叶基部鞘状，上部急狭成长披针形。蒴柄着生于茎中部，黄褐色。孢蒴圆柱形，常背曲。蒴盖喙状，环带分化。外齿层齿片披针形，上部有粗瘤；内齿层发育完全。蒴帽兜形。孢子具密疣。

生境： 多生于长江流域南部山地，常见于低山林下的潮湿地、树基凹地或岩面薄土上。

分布： 产于我国安徽、浙江、湖北、江西、湖南、福建、台湾、广东等地；朝鲜、日本、印度尼西亚亦有分布。

生境照

全叶

叶缘

叶片细胞

214 刺叶桧藓 *Pyrrhobryum spiniforme* (Hedw.) Mitt.

植株较纤长，硬挺，呈黄绿色，下部带褐色，基部密生红褐色假根。茎直立，叶呈羽毛状疏生。叶细长，呈线状披针形，或线形，先端渐尖，叶缘增厚，具单列或双列锯齿；中肋粗壮，长达叶尖，背面具刺状齿。叶细胞全部同型，壁厚，呈圆方形或多边形。雌雄异株。孢子体单生，自茎基部长出，蒴柄细长，孢蒴斜伸，呈长卵状圆柱形，干时具纵长褶纹。蒴齿两层。蒴盖具喙状尖头。蒴帽兜形。孢子小，圆球形。

生境：多生于珠江流域山地、常绿阔叶林下树基，或岩壁下湿润土上。

分布：产于我国浙江、湖北、江西、湖南、福建、台湾等地；东亚其他国家、东南亚、南亚、非洲、南美洲、北美洲及大洋洲亦有分布。

生境照

叶尖

叶缘细胞

叶片细胞

42. 卷柏藓科 Racopilaceae

215 薄壁卷柏藓 *Racopilum cuspidigerum* (Schwägr.) Ångström

植物体绿色至褐绿色，腹面常密生红棕色假根。茎多为不规则分枝或不规则羽状分枝，老茎皮部为厚壁细胞，中间为薄壁细胞。具异型叶；2列较大的侧叶和茎中央1列略小的背叶，通常斜向交错排列。侧叶多为长卵形；中肋单一强劲，常突出叶尖成芒状。叶细胞平滑，近方形、六角形或不规则形，基部细胞渐长，近于长方形。背叶一般为长的卵状、心状或三角状披针形，近于对称；中肋突出叶尖成芒状。雌雄异株。雄株较小。雌苞叶基部卵形，上部具急尖或渐尖，中肋突出成长芒状。蒴柄橙黄色或棕红色。孢蒴长圆柱形。蒴齿双层：内外齿狭披针形。蒴帽兜形。孢子一般球形，表面具细疣。

生境：常着生在湿热地区林下的岩面或树上。

分布：产于我国湖北、台湾、广东、海南、广西、重庆、贵州、云南、西藏；东喜马拉雅地区、印度、日本、巴布亚新几内亚、澳大利亚、东南亚、太平洋岛屿、北美洲、中美洲和南美洲亦有分布。

生境照

全叶

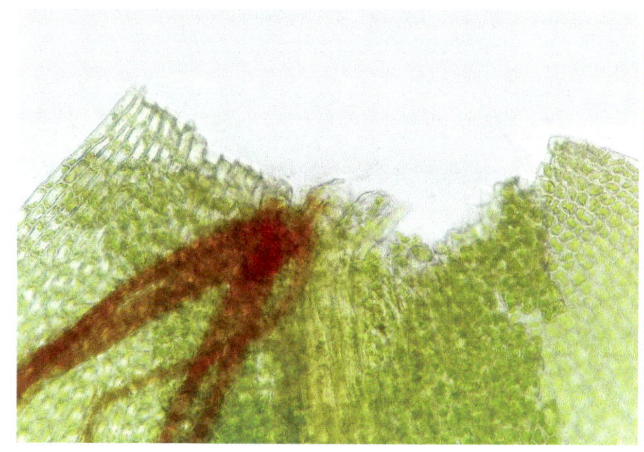

叶基细胞

叶片细胞

43. 孔雀藓科 Hypopterygiaceae

216 短肋雉尾藓 *Cyathophorum hookerianum* (Griff.) Mitt.

植物体型小，黄绿色，稀少分枝。叶密生，枝端呈尾状尖，顶端叶腋间常着生多数红褐色、常具分枝的芽孢，基部被绒毛状假根。叶3列，侧叶2列，卵状披针形，两侧不对称；叶边全缘，具3列狭长细胞分化的边缘；中肋单一，短弱。叶细胞菱形，多具壁孔。腹叶小，卵圆形，对称，边缘具皱褶。孢蒴圆柱形。

生境： 多生于树干、腐木、岩面和山坡上。

分布： 产于我国安徽、浙江、湖北、福建、台湾、四川、西藏等地；日本、老挝、菲律宾亦有分布。

生境照

全叶

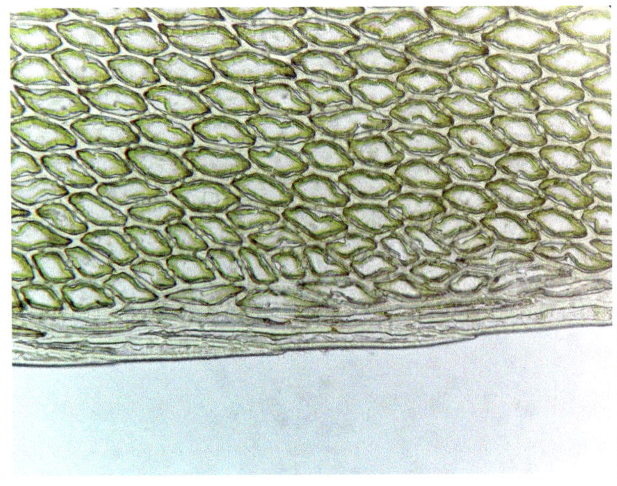

叶缘细胞

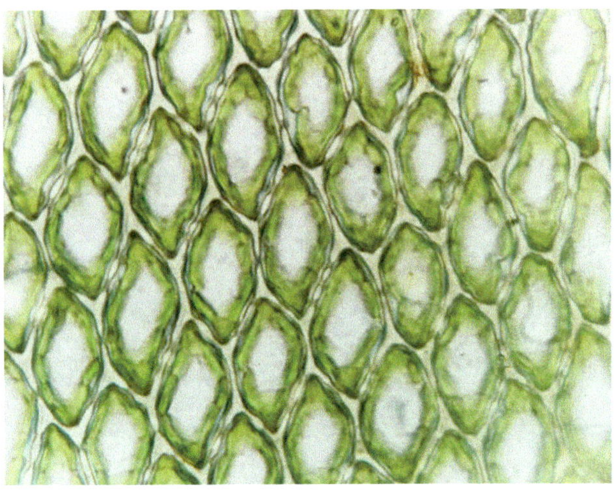

叶片细胞

217 东亚孔雀藓 *Hypothermia japonicum* Mitt.

植物体疏松丛集。主茎横生，密被假根；支茎下部直立，上部倾立，呈扁平树状分枝。侧叶阔卵形，两侧略不对称，顶端短锐尖，叶边由1-2列狭长细胞构成明显的分化边缘，叶上部边缘细胞突出成微齿状；中肋单一，长达叶片的3/5处；叶细胞菱状六边形。腹叶近圆形，先端短尖，叶边由1-2列狭长细胞构成分化边缘，几近全缘；中肋于叶尖下消失或及顶。蒴柄直立。孢蒴长椭圆形，倾立。蒴盖圆锥状，具长喙。

生境：着生于腐木、树干、岩面或土面上。

分布：产于我国陕西、安徽、湖北、江西、福建、台湾、广西、四川；日本和朝鲜亦有分布。

生境照

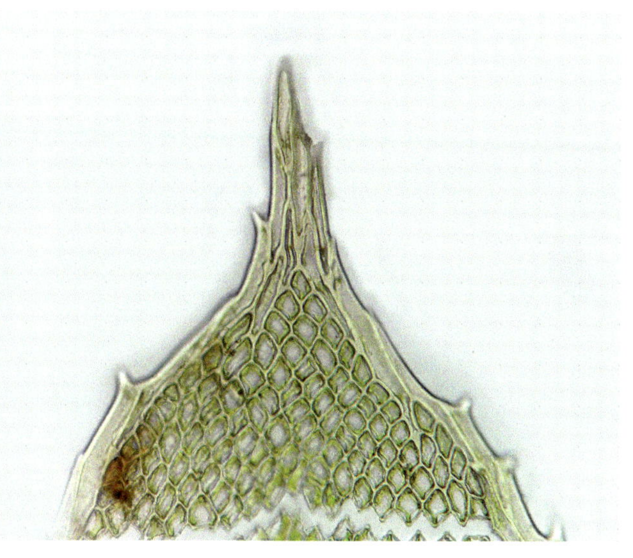

叶尖细胞

叶缘细胞

叶片细胞

218 黄边孔雀藓 *Hypopterygium flavolimbatum* Müll. Hal.

植物体中等大小，黄绿色。主茎匍匐，密被假根；支茎基部直立，上部规则羽状分枝。侧叶阔卵形，平展，两侧不对称，先端短尖；叶边由1-2列狭长细胞构成分化边缘，全缘或先端具微齿；叶细胞菱状六边形。腹叶近圆形，先端呈芒尖；叶边由1-2列长形细胞构成分化边缘。蒴柄直立，顶部弯曲。孢蒴圆柱状。

生境： 着生于岩面、树干和土面上。

分布： 产于我国湖北、广西、云南；喜马拉雅地区亦有分布。

生境照

全叶

叶缘

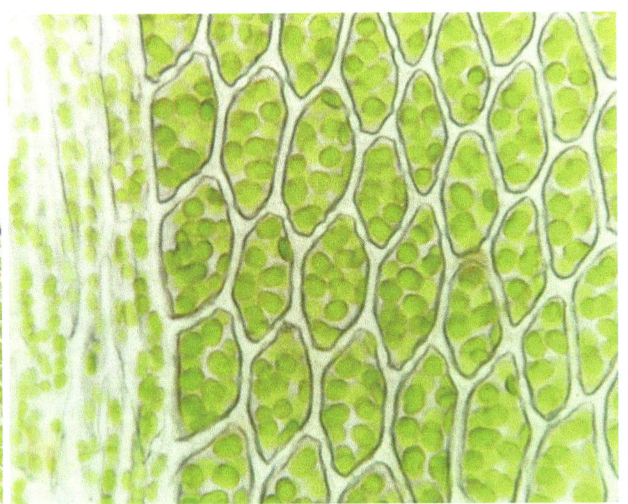

叶片细胞

44. 油藓科 Hookeriaceae

219 多枝毛柄藓刺齿亚种 *Calyptrochaeta ramosa* subsp. *spinosa* (Nog.) B. C. Tan & P. J. Lin

植物体黄绿色至深绿色。茎单一或分枝，具扁平、干时扭曲的叶片，横切面无中央细胞束。叶异型，侧叶长卵形，中间叶卵形至长卵形，先端急尖或具小尖；叶边具粗齿。叶片上部细胞长纺锤形，基部细胞长方形，边缘具1-2列线形细胞。雌苞叶小，卵形，突渐尖；雄苞叶卵形至披针形。蒴柄侧生。孢蒴卵形。蒴盖喙状。

生境：多生于密林潮湿石面、树基或腐木上。

分布：产于我国湖北、台湾、广东、海南、广西、四川；越南亦有分布。

生境照

全叶

叶缘细胞

植株孢蒴

220 日本毛柄藓 *Calyptrochaeta japonica* (Cardot & Thér.) Z. Iwats. & Nog.

植物体丛集，绿色或黄绿色。单一或分枝，具扁平、干时扭曲的叶。茎无中轴的分化。叶片异型，侧叶较大，长卵形，中间叶片阔卵形；先端急尖或短尖。中肋2条，短弱。叶细胞卵形至菱形，壁薄，叶下部细胞较长；叶边平展，具细齿，由1-2列狭长形细胞构成。雌苞叶小，卵形，具长尖。我国标本未见孢子体。

生境：生于海拔580-2300 m的山区，为附生阴湿石面或树基的藓类。

分布：产于我国湖北、湖南、福建、台湾、广西、贵州；日本亦有分布。

全叶

叶尖细胞

生境照

叶片细胞

221 尖叶油藓 *Hookeria acutifolia* Hook. & Grev.

植物体柔软，扁平，灰绿色。茎单一或稀分枝，横切面具近于同形的薄壁细胞和中央少数略分化的细胞。叶异型，背叶两侧对称，侧叶多不对称，卵形、阔披针形或披针形，先端阔急尖或渐尖，常着生假根或芽孢；叶边不分化或具1列较长的细胞；中肋缺失。叶细胞大，透明，卵状六角形或短方形，叶尖细胞较短。雄苞芽状；雌苞侧生，雌苞叶较小，卵状披针形。蒴柄黄色或红褐色，平滑。孢蒴长卵形，平列或下垂。蒴盖具长喙。蒴帽钟形。孢子具弱疣。

生境： 着生于海拔550-2500 m林内阴湿石面或腐木上。

分布： 广布于我国长江以南各省区，包括江苏、安徽、浙江、湖北、江西、湖南、福建、台湾、广东等；亚洲、非洲、北美洲东部和南美洲北部亦有分布。

植株孢蒴

生境照

全叶

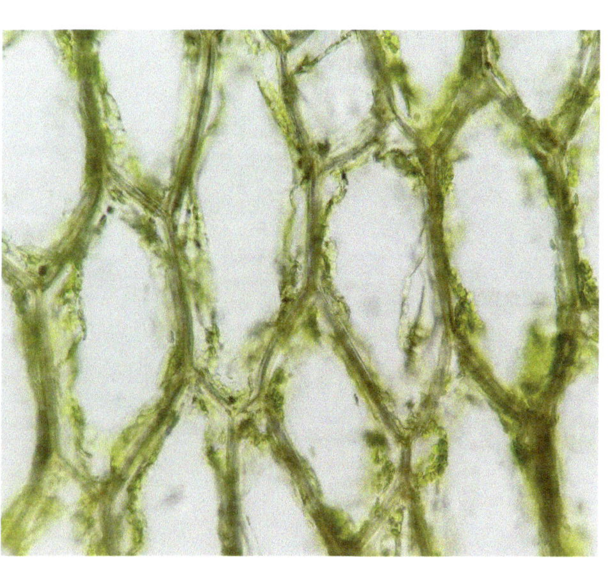

叶片细胞

45. 棉藓科 Plagiotheciaceae

222 扁平棉藓 *Plagiothecium neckeroideum* Bruch & Schimp.

植物体通常具伸展的叶，明显扁平，茎匍匐，具少量的假根，不规则和疏松分枝，枝匍匐但通常向上。茎横切面椭圆形，无中轴，中间细胞透明、壁薄。腹面与背面叶明显不对称，或完全对称，侧面叶卵圆形至披针形，叶先端急尖至渐尖；叶的上半部具弱的横波纹；叶缘平直，全缘，先端具明显的齿，透明，壁薄；中肋2条；叶细胞狭窄线形，壁薄。叶尖端通常具丝状的繁殖体或假根。雌雄异株。内雌苞叶透明，基部鞘状，卵圆形至披针形，尖部明显急尖，蒴柄微红色。孢蒴近直立或倾立。蒴齿毛2，丝状，没有横节。蒴盖圆锥形，渐尖。孢子球形，近于平滑。

生境：生于树干基部、腐木、岩面或林下土表，海拔104-2660 m。

分布：产于我国陕西、安徽、浙江、湖北、江西、福建、台湾等地；日本、尼泊尔、印度、泰国、印度尼西亚、菲律宾、俄罗斯和欧洲亦有分布。

生境照

全叶

叶基细胞

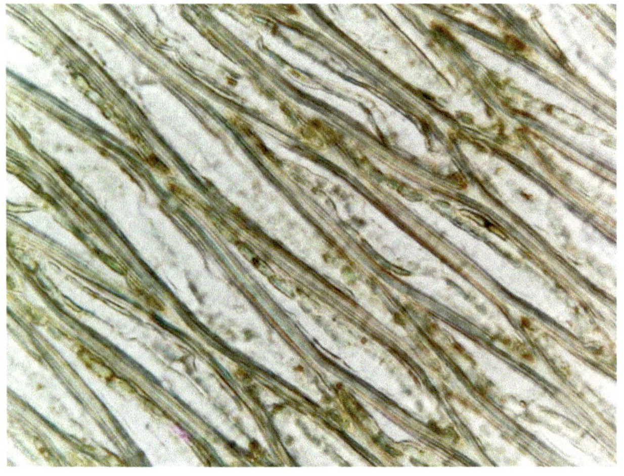

叶片细胞

223 圆叶棉藓 *Plagiothecium paleaceum* (Mitt.) A. Jaeger

植物体纤细，柔软，绿色，具光泽，常交织成片。茎匍匐，具假根，不规则分枝，具着生小叶的鞭状枝。茎叶与枝叶同形，倾立，无纵褶皱和横波纹；叶片长宽相近，近圆形，茎腹面叶及背面叶向左右斜展，与侧叶紧贴；侧叶不对称，阔椭圆形，先端锐尖，叶缘平展或略内曲，全缘。中肋短，分叉，在叶中部或中部以下处中止。叶细胞长菱形；基部细胞较短而宽，壁薄，透明，叶基下延部分由长方形和方形细胞组成。雌雄异株。雌苞叶处多着生假根，内雌苞叶直立，基部呈高鞘状，向内卷曲，无皱褶；中肋缺失。蒴柄红色。孢蒴直立，圆筒形。蒴齿两层。

生境： 生于海拔3000-3100 m的土表或岩面上。

分布： 产于我国陕西、湖北、四川、云南、西藏；印度亦有分布。

生境照　　全叶

叶尖细胞　　叶片细胞

224 台湾棉藓 *Plagiothecium formosicum* Broth. & Yasuda

植物体柔软，黄绿色或灰绿色，略具光泽。茎匍匐，不规则分枝，扁平披叶；中轴很小。叶卵圆形，逐渐狭窄成急尖，明显不对称，通常弓形，一边向后弯，另一边直或弓形，叶尖经常具假根或生殖芽；边缘平直或狭窄反弯，全缘或有时近叶尖有少数齿；角部狭窄，下延，具长方形或狭窄三角形薄壁细胞；中肋叉状，分叉不等长。叶中部细胞线形，近先端细胞较短而宽。角细胞4列，大多数长方形和三角形。雌雄异株。雌苞叶卵圆形，狭窄形成一个短尖，紧包住蒴柄的基部。孢蒴短圆筒形；环带完全发育，具2排分离的细胞。气孔少，在颈部显露。蒴齿两层；齿毛2，有节和瘤。蒴盖圆锥形，具短尖喙。孢子平滑。

生境：多生于海拔2700-3350 m的林下土表或腐木上。

分布：产于我国陕西、湖北、福建、四川、云南、西藏；中国特有种。

生境照

全叶

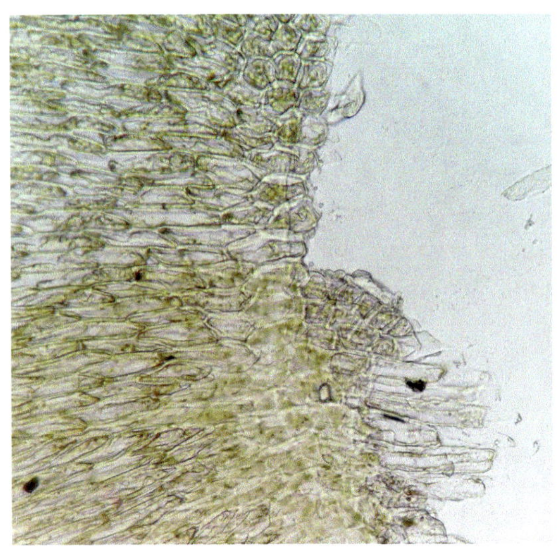

叶基细胞

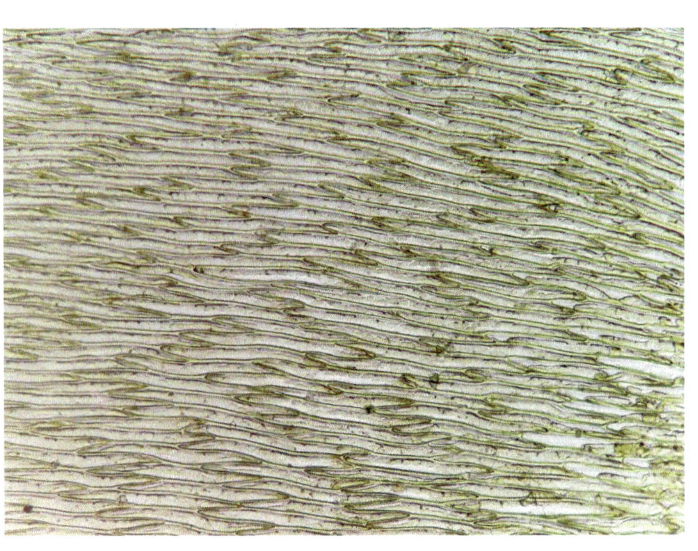

叶片细胞

225 棉藓 *Plagiothecium denticulatum* (Hedw.) Bruch & Schimp.

植物体密集或疏松丛生，软弱，黄绿色或绿色，有时深绿色。茎背腹扁平，倾立，少数匍匐，不规则分枝，密披叶；茎的横切面椭圆形，中轴不明显。叶通常略内凹，多数叶明显两侧不对称，具有逐渐或突然狭窄成短的、锐利、反弯的尖部；叶缘有时狭窄反弯，尖部有微小齿，由长方形细胞和多数圆形、膨胀细胞组成；中肋细，多数分叉，稀少达叶中部；中部细胞线形至狭长菱形。在叶腋常具丝状繁殖体。雌雄同株或异株。雌苞叶卵圆形至披针形。蒴柄红褐色，孢蒴倾立至平列，弯曲；环带完全分化。气孔在蒴壶的基部。蒴齿毛2，长，具节。蒴盖圆锥形，具短喙。孢子具细疣或近于平滑。

生境： 多生于海拔1500-3090 m的林下土表、岩面或腐木上。

分布： 产于我国吉林、内蒙古、陕西、湖北、江西、西藏；日本、俄罗斯、欧洲和北美洲亦有分布。

生境照

全叶

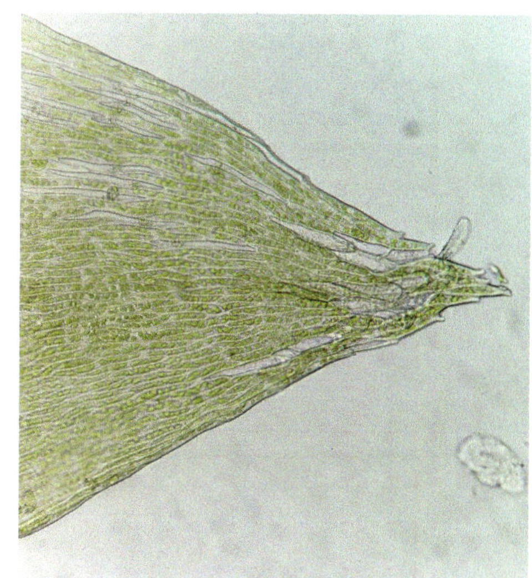

叶尖细胞

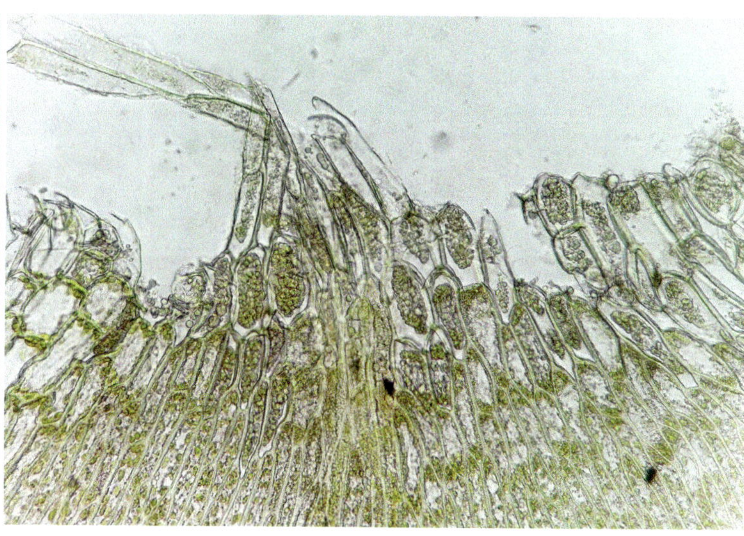

叶基细胞

226 直叶棉藓 *Plagiothecium euryphyllum* (Cardot & Thér.) Z. Iwats.

植物体松散丛生，浅绿色或黄绿色，略具光泽。茎匍匐，不规则分枝；枝匍匐或倾立，扁平；中轴发育，外皮层细胞壁薄，接近中心细胞壁厚。叶略不对称，卵圆形至椭圆形，近叶尖多少具横波纹，基部由长方形细胞组成透明的角部，与本属基部细胞壁较厚的种截然不同；中肋2条，分叉较粗壮。雌雄异株。雄株与雌株完全一样。雌苞叶卵圆形，逐渐狭窄成短急尖，基部鞘状；雄器苞芽状。蒴柄红褐色，或有时上面黄褐色。孢蒴椭圆形或圆筒形，连蒴盖平滑。气孔在颈部显露。外齿层细胞长方形。蒴齿毛2，长，具节。蒴盖圆锥形，具短喙。孢子具细疣。

生境： 多生于海拔800-1900 m的岩面或树干基部。

分布： 产于我国江苏、安徽、浙江、湖北、江西、湖南、福建等地；朝鲜和日本亦有分布。

生境照

全叶

叶基细胞

叶片细胞

227 长喙棉藓 *Plagiothecium succulentum* (Wilson) Lindb.

植物体粗壮，丛生，有光泽，深绿色或黄绿色。主茎匍匐或倾立。叶多数对称，内凹，基部卵圆形，向上呈长舌状披针形，逐渐狭窄成一细直尖，或反弯的尖；叶边缘平直或略反弯，多数全缘，或近先端具齿突；中肋2条，分叉；叶基部宽，细胞狭长形。叶中部细胞长菱形，基部细胞较短和宽，叶基角部狭窄下延，由长方形和线形细胞组成。雌雄同株。孢子近于平滑，在叶腋处常具丛生的芽孢。

生境： 生于海拔1200-3500 m的林下土表、岩面或树干上。

分布： 产于我国吉林、陕西、安徽、浙江、湖北、江西、福建等地；欧洲亦有分布。

生境照

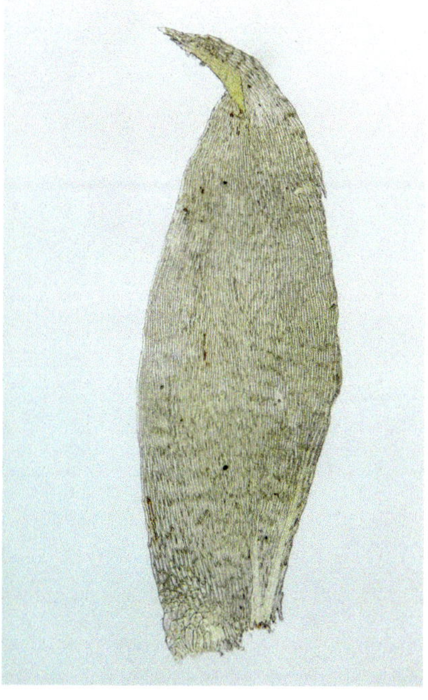

全叶

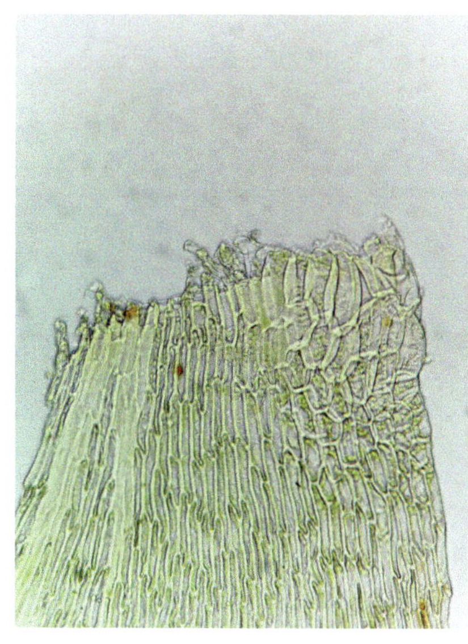

叶基细胞

叶片细胞

46. 万年藓科 Climaciaceae

228 东亚万年藓 *Climacium japonicum* Lindb.

全叶

植物体粗大，黄绿色，略具光泽。枝叶基部叶耳明显，枝的尖端呈尾尖状；支茎直立，上部多倾立，向一侧偏曲，上部不规则密羽状分枝；茎叶阔卵形，先端圆钝。叶边平展，全缘。茎叶中部细胞近于呈线形；枝叶尖部细胞长菱形，壁厚，中部细胞近于呈狭长方形。中肋细长，消失于近叶先端，中肋背面前端多具粗齿。孢蒴直立，内齿层基膜低。

生境：多于山地林下草丛中或于伐木林地成片散生。

分布：产于我国安徽、湖北、江西、湖南、重庆；日本、朝鲜和俄罗斯（西伯利亚）亦有分布。

生境照

47. 柳叶藓科 Amblystegiaceae

229 牛角藓 *Cratoneuron filicinum* (Hedw.) Spruce

植物体中等或大型，柔软或较硬，丛生，暗绿色、绿色或黄绿色，无光泽。茎倾立或直立，羽状分枝，少数不规则羽状分枝，常密布褐色假根；分枝短，呈两列，干时略呈弧形弯曲；鳞毛片状，多数或少，不分枝。茎叶疏生，直立或略弯曲，宽卵形或卵状披针形，上部常急尖；多数叶缘带粗齿；中肋粗壮，达于叶尖部终止或突出叶尖；叶细胞壁薄，长圆六边形；叶角细胞分化明显，强烈凸出，无色或带黄色，达于中肋。枝叶与茎叶同形，较短窄。雌雄同株。蒴柄红褐色。孢蒴长筒形，红褐色；环带分化。蒴齿双层。蒴盖圆锥形短尖。孢子具密疣。

生境： 多生于钙质和水湿的环境中。

分布： 产于我国黑龙江、内蒙古、河北、青海、湖北、台湾、云南等地；日本、尼泊尔、印度、新西兰、欧洲和美洲亦有分布。

生境照

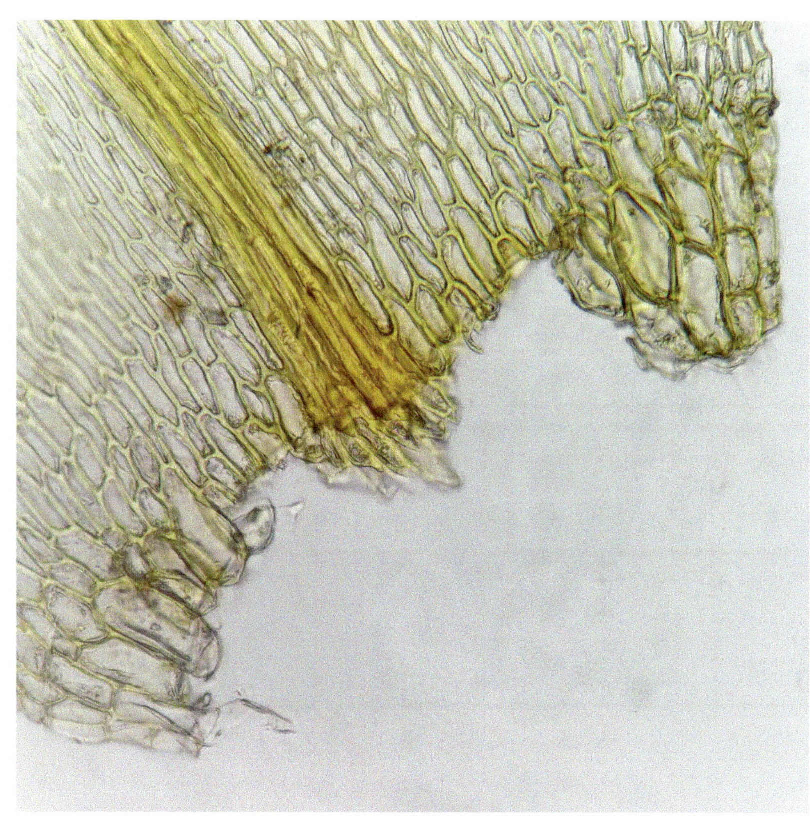

叶基细胞

全叶

48. 羽藓科 Thuidiaceae

230 细叶小羽藓 *Haplocladium microphyllum* (Hedw.) Broth.

植物体型中等，黄绿色或绿色，老时呈黄褐色，常交织成片。茎匍匐，规则羽状分枝，中轴分化。鳞毛披针形至线形，密生茎上，而枝上稀少或缺失。叶边平展，或部分背卷，具齿；叶中部细胞三角形至六角形，壁薄，具单个中央疣，叶基中部细胞长方形，平滑无疣。中肋稍突出于叶尖，一般贯顶或终止于叶尖下。枝叶阔卵形。

生境：于丘陵地区多以腐木着生，其次为土生及石生。

分布：产于我国吉林、辽宁、内蒙古、陕西、江苏、湖北、台湾、广东、四川、云南；印度、朝鲜、日本、俄罗斯、欧洲和北美洲亦有分布。

生境照

叶尖

全叶

231 狭叶小羽藓 *Haplocladium angustifolium* (Hampe, Müll. & Hal.) Broth.

植物体型小至中等，黄绿色至绿色，老时呈棕色，交织成片。茎匍匐，规则羽状分枝，中轴分化。鳞毛披针形，多着生于茎上，枝上鳞毛稀少。茎叶内凹，卵形至阔卵形，基部渐上呈长披针形；叶边略背卷或平展，具齿；叶细胞疣多位于细胞前端而呈前角突起。中肋强劲，通常长，突出于叶尖。

生境：多石生，稀树干基部或腐木着生。

分布：产于我国吉林、辽宁、内蒙古、山西、陕西、湖北、四川等地；朝鲜、日本、越南、缅甸、喜马拉雅地区、印度、巴基斯坦、俄罗斯（西伯利亚）、欧洲和非洲亦有分布。

中肋

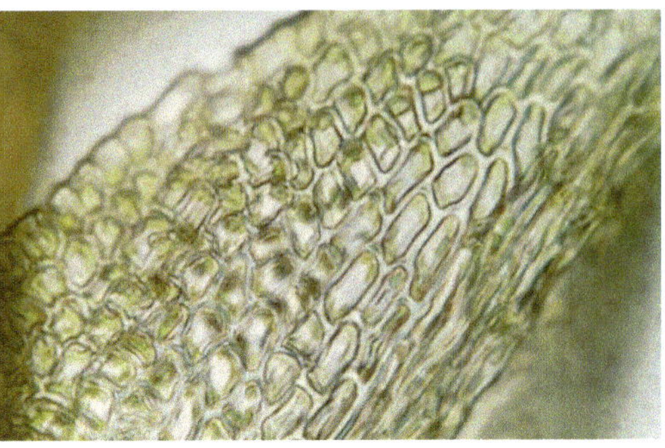
叶缘细胞

全叶

232 灰羽藓 ***Thuidium pristocalyx* (Müll. Hal.) A. Jaeger**

植物体型大，淡黄绿色或暗绿色，老时呈棕色，交织成疏片状生长。茎中轴不分化，鳞毛稀少，披针形或线状分枝，常缺失。茎叶干时贴生，卵形至三角状卵形，内凹。叶边具齿，叶细胞多具星状疣。中肋长达叶片2/3处，稀上部分叉，背面平滑，或具少数疣状突起。

生境：多于低山树基、石壁、腐木、腐殖土或林地成片生长。

分布：产于我国浙江、湖北、江西、台湾、广东、海南、云南；印度、斯里兰卡、马来西亚、印度尼西亚、菲律宾、朝鲜和日本亦有分布。

叶中部细胞

全叶

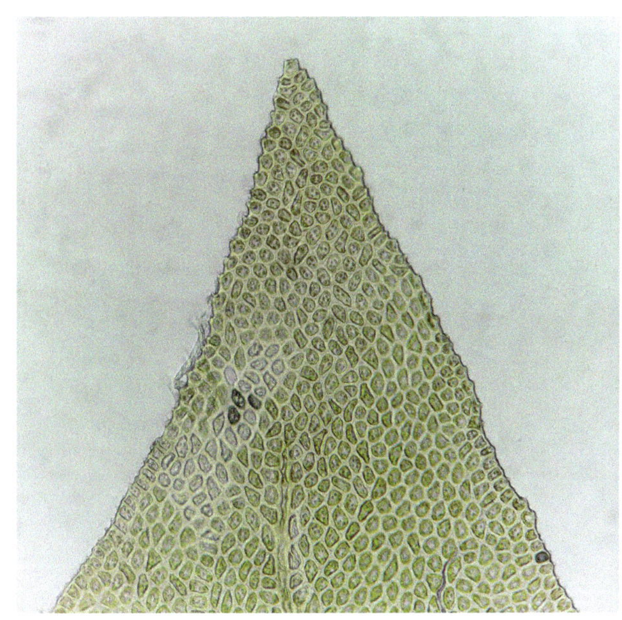

叶尖细胞

生境照

233 大羽藓 *Thuidium cymbifolium* (Dozy & Molk.) Dozy & Molk.

植物体型大，鲜绿色至暗绿色，老时呈黄褐色，常交织成大片状生长。茎匍匐，通常规则羽状二回分枝，中轴分化。鳞毛密生于茎和枝上，披针形至线形。茎叶干时疏松贴生，湿时倾立，基部呈三角状卵形；茎叶尖部由6-10个单列细胞组成，每个叶细胞具单疣。中肋长达披针形尖部，背面具疣或鳞毛。雌雄异株。

生境：于阴湿石面、腐殖土、腐木或倒木上成大片生长。

分布：产于我国陕西、新疆、安徽、湖北、台湾、海南、香港、广西、四川、贵州、云南；广布世界各地。

生境照

全叶

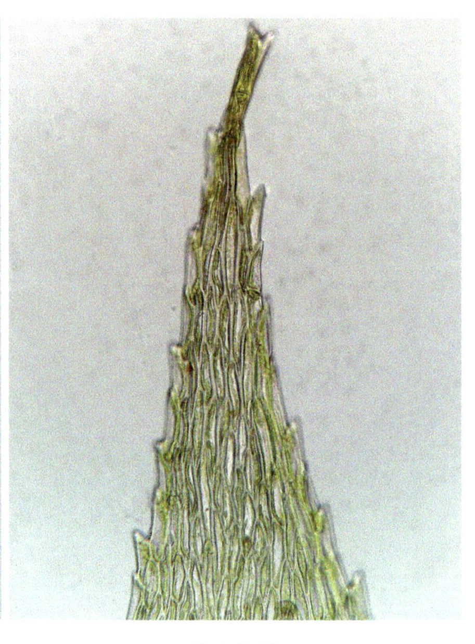

叶尖细胞

234 短肋羽藓 *Thuidium kanedae* Sakurai

植物体通常大型，黄绿色至淡绿色，老时呈褐色，疏松交织成片。茎规则，二回羽状分枝，中轴分化。鳞毛密生于茎和枝上，披针形至线形，具分枝，顶端细胞具2-4个疣。茎具中轴，茎叶三角状卵形或三角形。叶边近于平展至背卷，边缘上部具齿。中肋粗壮，消失于叶片尖部，背面具刺状疣。内雌苞叶具纤毛。

生境：多生于阴湿石、林地或倒木上。

分布：产于我国辽宁、浙江、湖北、湖南、台湾、四川、贵州；朝鲜和日本亦有分布。

生境照

植物体

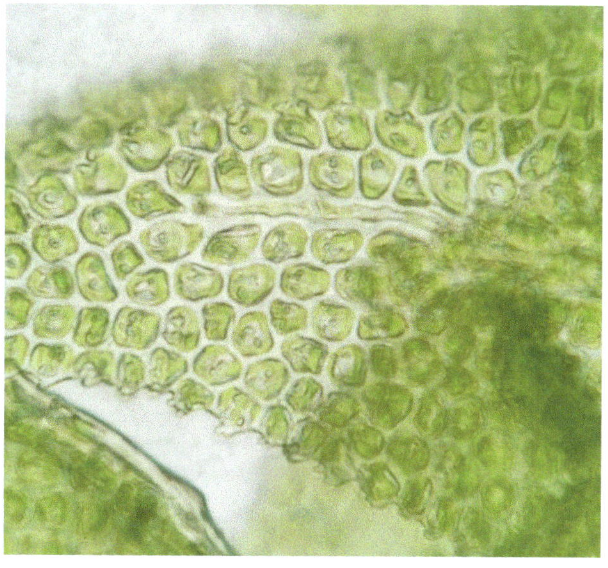

叶中部细胞

235 绿羽藓 *Thuidium assimile* (Mitt.) A. Jaeger

植物体形粗壮或稍细弱，黄绿色，老时呈棕色，交织成大片状生长。茎匍匐或倾立，规则三回羽状分枝。鳞毛密生于茎上，丝状，叉状分枝，或呈片状，具疣状突起。茎叶通常无毛尖或短毛尖，内凹，卵状披针形，渐上呈长披针尖，多具3至多个透明且尖的单列细胞，有时呈一向弯曲，具纵褶。叶通常无毛尖，枝叶干时贴生，湿时倾立，内凹，阔卵形至卵状三角形，具短锐尖；叶边具齿。中肋消失于叶尖下，中肋达叶片长度的2/3-4/5。

生境：多生于林地上，或树干附生。

分布：产于我国吉林、内蒙古、河南、陕西、青海、浙江、湖北、四川、贵州、云南；日本、俄罗斯（西伯利亚）、欧洲和北美洲（包括阿拉斯加）亦有分布。

生境照

植物体

236 密毛鹤嘴藓 *Pelekium gratum* (P. Beauv.) A. Touw

生境照

茎叶中肋背面常具疣。茎叶中部细胞长六边形，长约15 μm，宽8 μm，壁厚，每一叶细胞具单疣。枝叶细胞亦具单疣。孢子直径约15 μm，具疣。

生境：多生于树干上。

分布：产于我国湖北、海南、广西、云南、贵州；印度、尼泊尔、不丹、缅甸、斯里兰卡、泰国、柬埔寨、越南、印度尼西亚、马来西亚、菲律宾、巴布亚新几内亚、斐济、萨摩亚、新喀里多尼亚岛、澳大利亚、马达加斯加、非洲中部、非洲西部亦有分布。

49. 青藓科 Brachytheciaceae

237 斜蒴藓 *Camptothecium lutescens* (Hedw.) Schimp.

雌雄异株，黄绿色，呈大片生长。茎匍匐，不规则羽状分枝，枝细长，小枝较短，枝端渐狭；茎叶基部不呈耳状；叶紧密排列，直立伸展，有多条纵褶皱，长椭圆状披针形，先端长渐尖；叶基截形或略呈心形；中肋较粗壮，几达叶尖；叶缘具齿。叶中部细胞线形；角部分化狭窄，分化不达中肋，细胞方形至多边形。

生境：生于岩石、树干、地表土或腐木上。

分布：产于我国黑龙江、吉林、辽宁、内蒙古、陕西、河北、新疆、浙江、湖北、江西、云南、西藏；中亚、欧洲、北非及美洲亦有分布。

生境照　　叶基细胞　　叶尖

238 褶叶藓 *Palamocladium leskeoides* (Hook.) E. Britton

植物体形粗壮，紧密交织生长，黄绿色，具光泽。茎匍匐，密集分枝，枝叶呈长卵状披针形；干时伸展，具多数纵褶皱，叶基部近于心形；叶缘平直，先端具粗齿。叶角细胞发达，分化几达中肋。

生境：多生于树基部或岩面上。

分布：广布于我国诸多地区；东亚其他国家、东南亚、印度、非洲、美洲和新西兰亦有分布。

生境照　　全叶　　叶中部细胞

239 灰白青藓 *Brachythecium albicans* (Hedw.) Bruch & Schimp.

植物体中等大小，主茎疏松，交织成片，灰绿色或黄绿色，略具光泽。茎匍匐或斜生，圆条形，干时叶不紧贴，呈毛刷状。叶披针形，叶基下延，先端渐尖或锐尖，通常全缘。枝扁平粗壮，干时先端常扭曲；湿时伸展，略具褶皱，长卵形至卵状披针形，先端锐尖或渐尖，全缘或先端具细齿，叶基下延不明显；中肋长达叶中部或中部以上。叶中部和上部细胞线状菱形，(40-80) μm ×(5-7) μm；角细胞近方形，分化达中肋。雌雄异株。

生境：多石生、树生、水边生。

分布：产于我国陕西、湖北、四川、云南、西藏；美国、加拿大、新西兰、高加索、格陵兰岛、欧洲亦有分布。

生境照

全叶

240 多枝青藓 *Brachythecium fasciculirameum* Müll. Hal.

植物体型较大，分枝密集，干时叶紧贴枝上，呈圆条形。茎叶阔卵形至三角状披针形，内凹，先端形成长毛尖。枝叶卵状披针形，内凹，有2至多条纵褶皱。茎叶与枝叶均为全缘，中肋细长，超过叶中部；基部略下延内卷；角细胞方形、多边形、矩形，分化至中肋处。枝叶中部细胞线状菱形。

生境：多石生、树基生。

分布：产于我国吉林、辽宁、陕西、湖北、广西、四川、云南；中国特有种。

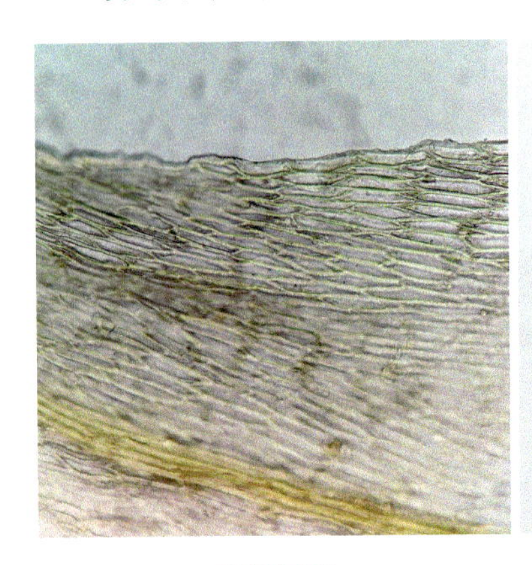

叶缘细胞

全叶

生境照

241 皱叶青藓 *Brachythecium kuroishicum* Besch.

植物体纤细，不规则分枝。茎和枝上密生叶。茎叶卵状三角形，内凹，具褶皱，先端急尖；叶尖常扭曲成鹅颈状，基部阔心形；边缘平直，全缘；中肋达叶中部。枝叶卵状披针形或狭披针形，叶尖呈长毛状，直生或偏曲。叶中部细胞斜菱形或近于线形，末端圆钝，一律壁薄；基部细胞方形或矩形，形成明显宽阔的角部。雌雄异株。雌苞叶披针形，无中肋。孢蒴垂倾或近于直立，矩圆形或矩圆柱形，具明显的蒴台。蒴盖圆锥形，先端钝。蒴齿双层，内齿层与外齿层等长；齿条具宽阔的穿孔，齿毛短。

生境：多生于路边石、土表、树干上。

分布：产于我国黑龙江、内蒙古、陕西、湖北、四川、云南等地；日本亦有分布。

生境照

全叶

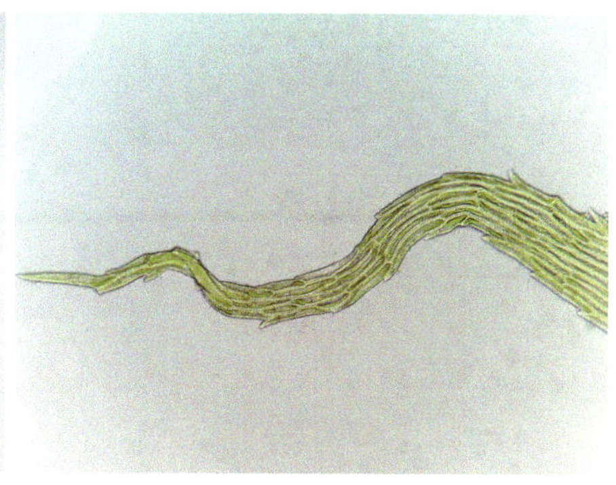
叶尖

242 柔叶青藓 *Brachythecium moriense* Besch.

植物体纤细，长5-7 cm，不规则分枝。茎和枝上密生叶。茎叶卵状三角形，(1.08-1.67) mm×(0.60-0.78) mm，内凹，具褶皱，先端急尖；叶尖常扭曲成鹅颈状，基部阔心形；边缘平直，全缘；中肋达叶中部。枝叶卵状披针形或狭披针形，叶尖呈长毛状，直生或偏曲，叶平展不具皱褶。枝叶中部细胞斜菱形或近于线形，(45-60) μm ×(6-8) μm，末端圆钝，一律壁薄；基部细胞方形或矩形，形成明显宽阔的角部。雌雄异株。雌苞叶披针形，无中肋。

生境：多生于路边石、土表、树干上。

分布：产于我国内蒙古、陕西、湖北、贵州等地；日本亦有分布。

生境照

全叶

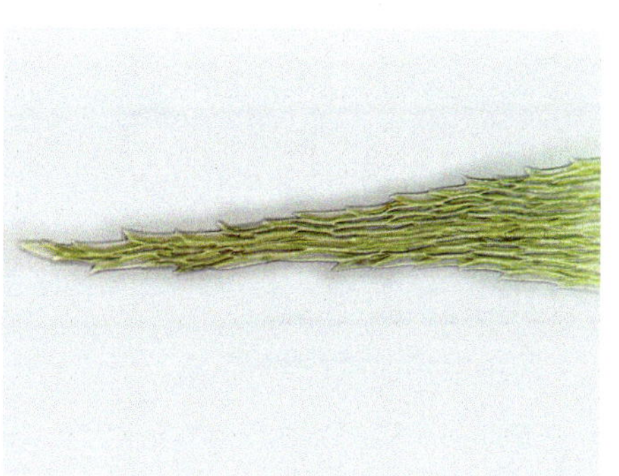
叶尖

243 羽枝青藓 *Brachythecium plumosum* (Hedw.) Bruch & Schimp.

植物体淡绿色，略具光泽。主茎匍匐，二回羽状分枝或不规则羽状分枝，枝直立，单一，密生叶。茎叶干燥和湿时直立伸展，卵状披针形，先端渐尖，内凹，具2条纵褶皱；叶缘平直，全缘或上部具细齿；中肋略超出叶中部。枝叶干时伸展，呈狭卵状披针形，渐尖成一细长的叶尖，内凹，基部收缩，常有2条弧形褶皱。

生境：多土生、岩面薄土生、树干生。

分布：产于我国黑龙江、吉林、辽宁、内蒙古、河北、山东、陕西、甘肃、新疆、江苏、安徽、浙江、湖北、江西、湖南、福建、香港、广西、四川、贵州、云南、西藏；北半球广泛分布。

生境照　　叶尖

244 青藓 *Brachythecium pulchellum* Broth. & Paris

植物体甚小，匍匐，主茎光泽。稀疏规则分枝，枝单一，叶密生。茎叶披针形至卵状披针形，先端渐尖或具长毛尖，内凹，具褶皱；叶中、下部边缘具细齿，上部近于全缘；中肋达叶中部；叶基平截或略下延。枝叶狭卵状披针形，略不对称，叶先端渐尖，中肋达叶中部以上；叶基狭窄。茎叶和枝叶略弯曲形成不对称的叶形。角细胞分化明显，矩形或六角形，达中肋。孢蒴悬垂，椭圆柱形。

生境：多树生和石生。

分布：产于我国黑龙江、吉林、辽宁、内蒙古、山东、陕西、湖北、湖南、四川、贵州、云南；日本亦有分布。

生境照

全叶

245 卵叶青藓 *Brachythecium rutabulum* (Hedw.) Bruch & Schimp.

植物体型大，主茎长5-8 cm或更长，叶稀疏，分枝密集，单一或再分枝，枝端渐尖。茎叶阔卵形，具狭而短的叶尖，长宽为（1.85-2.16）mm ×（0.95-1.67）mm；基部呈阔心形，略下延，内凹，具褶皱；叶缘具微细圆齿，或近于全缘；中肋细弱，延伸至叶长度的2/3处。叶中部细胞阔菱形，先端略尖锐。

生境：多生于树干、石面和土上。

分布：产于我国辽宁、陕西、湖北、西藏等地；喜马拉雅地区、俄罗斯（西伯利亚）、叙利亚、波斯、欧洲、阿尔及利亚、北美洲亦有分布。

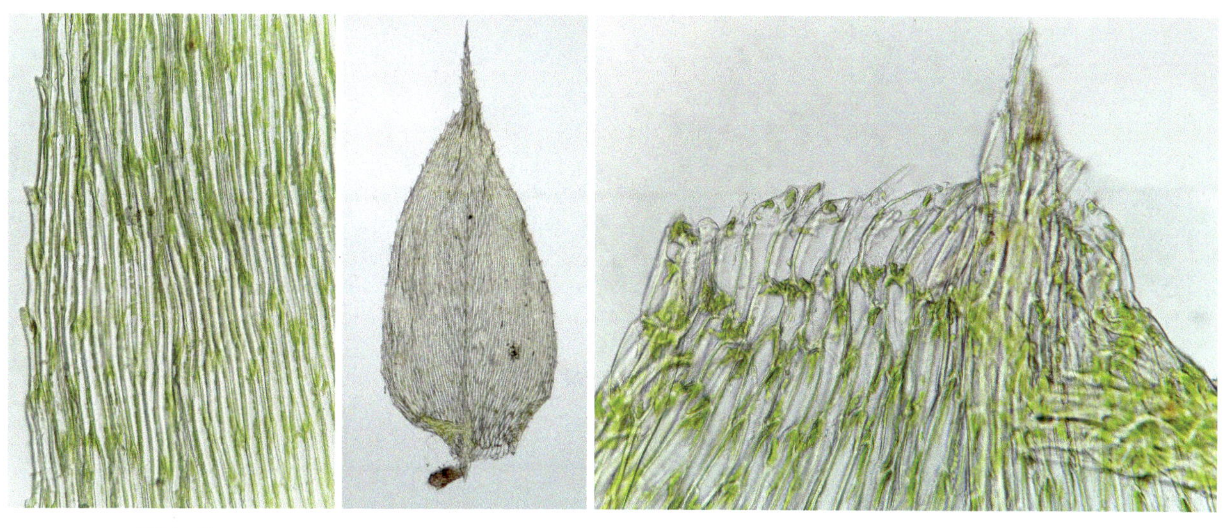

叶缘细胞　　全叶　　叶基细胞

生境照

246 疏网美喙藓 *Eurhynchium laxirete* Broth.

植物体长4-6 cm，茎匍匐，扭曲生长，羽状分枝，枝扁平。茎叶长椭圆形，疏生，先端具小尖头；叶缘具齿；叶长椭圆形，叶缘通体具粗齿。中肋粗壮，延伸至叶尖，先端背部具刺状突。枝叶与茎叶同形，略小。叶中部细胞线形；基部细胞渐宽；角细胞分化明显，长矩形。雌苞叶无中肋，反卷。蒴柄粗糙。

生境：多生于岩面、岩面薄土或林下土表。

分布：产于我国陕西、江苏、上海、安徽、湖北、江西、湖南、福建、广西、四川、云南、西藏；日本、朝鲜亦有分布。

生境照

全叶

247 斜枝长喙藓 *Rhynchostegium inclinatum* (Mitt.) A. Jaeger

植物体暗绿色，茎匍匐，羽状分枝，枝条扁平状。茎叶卵形至卵状披针形；叶缘通体具齿，基部微齿；中肋达到叶长度的3/4。枝叶较茎叶小，卵状披针形，先端锐尖，有时扭曲；叶缘通体具齿，中肋延伸至叶长度的3/4处。叶细胞线形，长宽比约15 ∶ 1；横跨叶基的细胞排列疏松，呈矩圆形或六角形。雌苞叶披针形。孢蒴垂倾，矩圆形，褐色；外齿层齿片三角状披针形，内齿层齿毛2。蒴盖具弯曲的喙。孢子几近平滑。

生境：多树生、土生。

分布：产于我国河南、陕西、安徽、湖北、广西、贵州、云南、西藏；日本亦有分布。

生境照

植物体

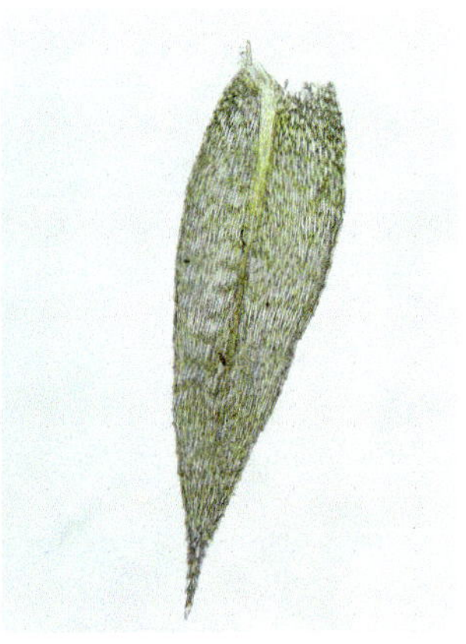

全叶

248 卵叶长喙藓 *Rhynchostegium ovalifolium* S. Okamura

植物体粗壮，淡绿色。茎匍匐，不规则分枝，枝密生叶，枝端钝；茎叶阔卵形，先端具小尖头，偶尔扭曲；叶缘具齿；叶基略反卷；中肋达到叶长度的2/3。枝叶较茎叶小，卵形。角细胞分化不明显，矩圆形和长矩形，排列疏松，横跨叶基，壁略增厚。雌苞叶披针形。蒴柄细长。外齿层齿片与内齿层齿条等长，齿毛2，与齿条等长。

生境：多石生。

分布：产于我国陕西、湖北、四川、云南；日本亦有分布。

生境照

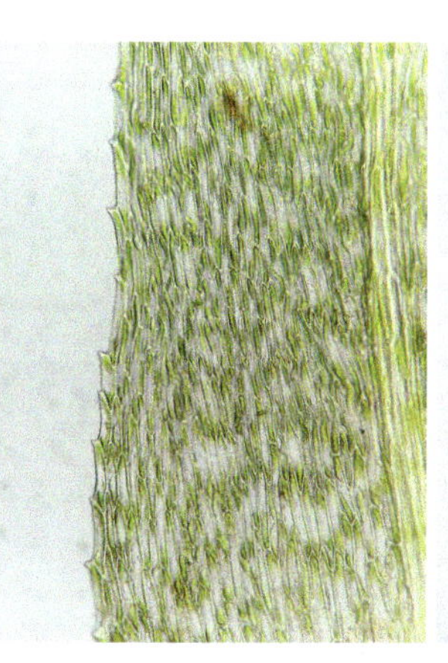

叶缘细胞

全叶

249 淡叶长喙藓 *Rhynchostegium pallidifolium* (Mitt.) A. Jaeger

植物体中等大小，茎匍匐交织生长。枝疏生叶，紧密或稀疏分枝，长约1 cm，单一或少数小枝，带叶的枝呈扁平状，先端渐尖。茎叶阔卵状披针形，先端渐尖。枝叶长椭圆形，先端有时扭曲；叶缘具稀疏的齿；中肋延伸至叶长度的2/3处。横跨叶基的细胞呈矩圆形，排列疏松。雌苞叶披针形，膜状，略具褶皱。

生境：多生于岩面土、树基上。

分布：产于我国黑龙江、吉林、河南、陕西、甘肃、新疆、上海、湖北等地；日本亦有分布。

生境照

全叶

250 水生长喙藓 *Rhynchostegium riparioides* (Hedw.) Cardot

全叶

植物体暗绿色。茎匍匐，主茎上叶稀疏生长，有时光裸无叶，稀疏分枝，枝直立或倾立，单一或少数小枝，枝上密生叶。茎叶和枝叶同形，枝叶略小。叶阔卵形至椭圆形，先端具小尖头，圆钝；基部收缩，略反卷；叶缘通体具细齿，平展或波状皱褶；中肋超出叶中部。叶中部细胞线形至线状菱形，壁薄，上部细胞较短，斜菱形；角细胞长矩形至椭圆形。雌雄同株。雌苞叶披针形，中肋明显。

生境：多石生。

分布：产于我国吉林、辽宁、陕西、上海、浙江、湖北、湖南、广东、广西、四川、云南；广泛分布于北半球。

生境照

50. 蔓藓科 Meteoriaceae

251 扭叶反叶藓 *Toloxis semitorta* W. R. Buck

植物体形细长，柔弱，黄绿色，老时带黑色，无光泽。主茎匍匐，支茎长达10 cm以上，下垂，扭曲，羽状分枝，连叶宽约1 mm；枝长不及1 cm，钝端或渐尖。茎叶干时贴生，湿时倾立，卵状披针形，具多数长深纵褶，上部渐尖，扭曲，叶基部两侧具大圆耳。叶边上部具细齿，近基部波状，具多数不规则粗齿；中肋单一，消失于叶中部以上。叶中部细胞线状六角形，每个细胞具单列细疣；基部细胞长方形，透明无疣；角细胞菱形或长方形，无疣，细胞壁薄。

生境： 多生于热带亚洲密林内树枝或倒木上。

分布： 产于我国湖北、福建、广西、贵州、西藏等地；喜马拉雅地区、越南、缅甸、泰国、斯里兰卡、印度尼西亚、菲律宾亦有分布。

生境照　　全叶

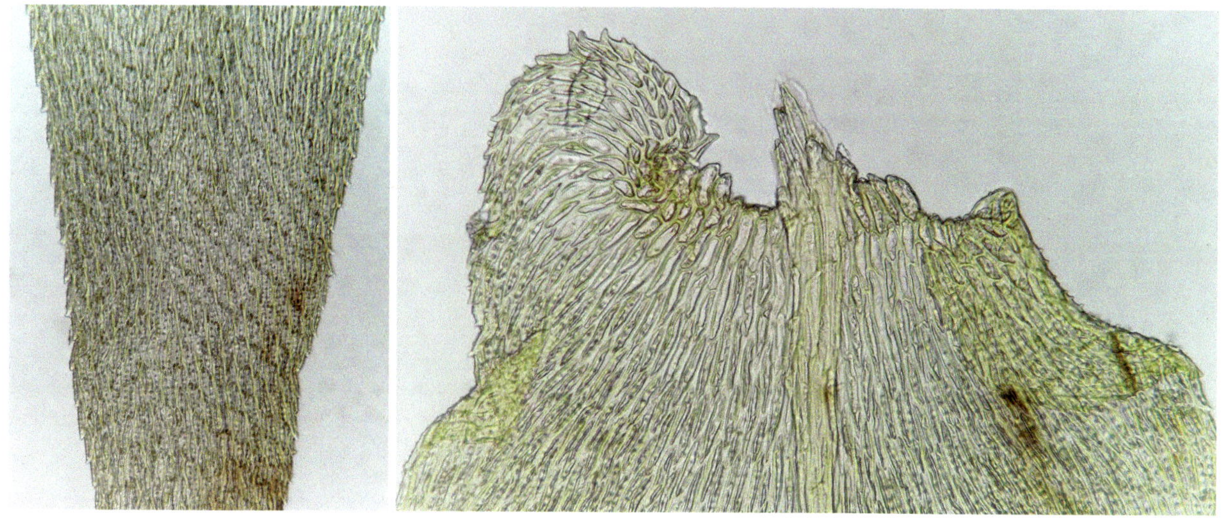

叶中部细胞　　叶基细胞

252 鞭枝新丝藓 *Neodicladiella flagellifera* (Cardot) Huttunen & D. Quandt.

生境照

植物体暗绿色或褐黄色，细弱。茎匍匐细长，先端悬垂，疏具分枝，尖端渐细，呈纤细的鞭枝状。茎基部叶羽状排列，茎上部叶螺旋形倾立，叶片狭卵状长圆形或线状披针形；叶边具细齿；单中肋，细弱，长达叶片中部以下。叶细胞长菱形或线状菱形，具单疣；角细胞疏松，方形或长方形，无疣。

生境： 多生于海拔500-1800 m的常绿阔叶林下，附生于树干、树枝及岩面上，往往成片悬挂于基质上。

分布： 产于我国浙江、湖北、江西、湖南、福建、广东、海南等地；斯里兰卡、印度、缅甸、泰国、越南、印度尼西亚、菲律宾和日本亦有分布。

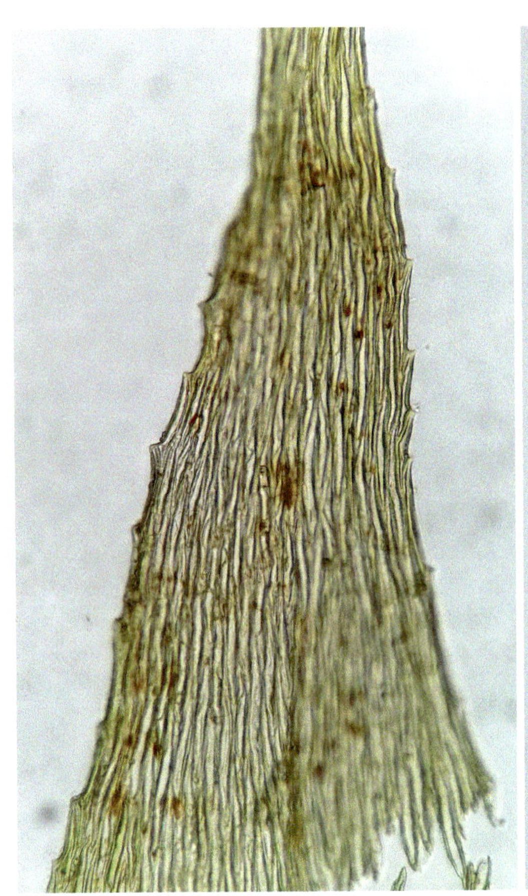

叶上部细胞

全叶

253 蔓藓 *Meteorium polytrichum* Dozy & Molk.

植物体硬挺，青绿色、灰绿色或深绿色，老时带黑色，无光泽。支茎基部匍匐，先端下垂；茎叶干时贴茎生长，由卵形至椭圆状卵形，基部向上渐呈短毛尖，叶基部两侧呈耳状，略内凹，具深纵褶；叶边具细齿或全缘，上部内曲，基部略波曲；中肋长达叶长度的2/3。枝叶与茎叶相类似，内凹。叶细胞不透明，中部细胞线形至近于呈线形，每个细胞中央具单疣，叶基细胞较短，无疣。雌苞着生于枝上。蒴柄细长，粗糙。孢蒴椭圆形。

生境： 多生于海拔800-1200 m的热带和亚热带林内树干和树枝上。

分布： 产于我国安徽、浙江、湖北、福建、台湾；越南、斯里兰卡、印度、印度尼西亚、菲律宾、巴布亚新几内亚、澳大利亚亦有分布。

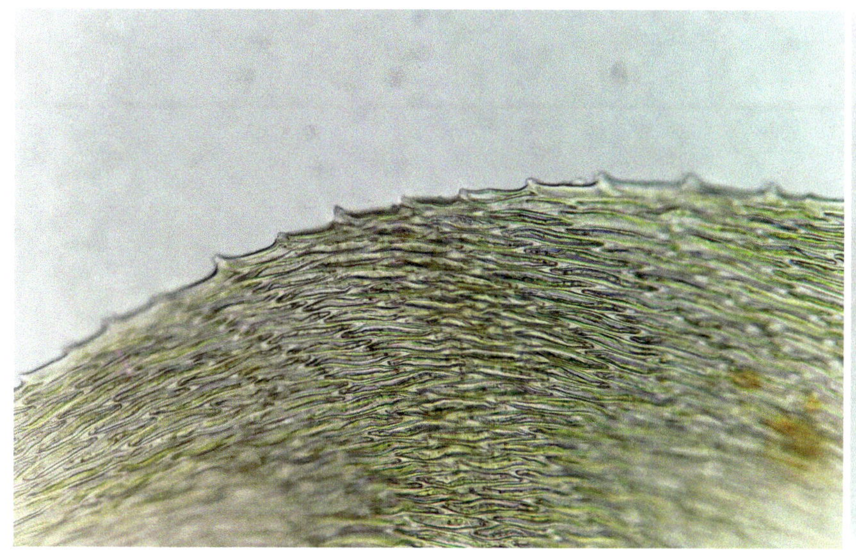

叶缘细胞

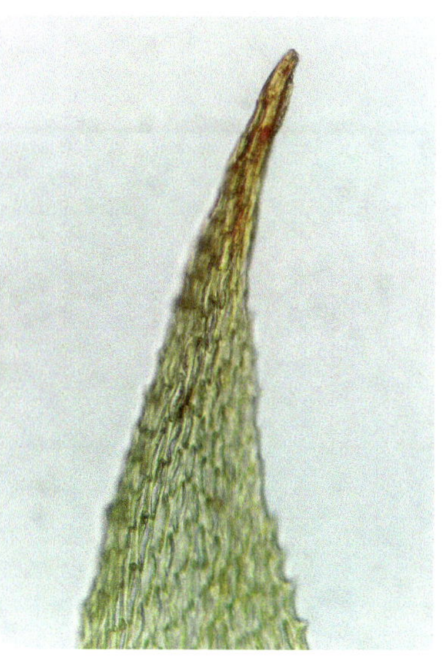

叶尖

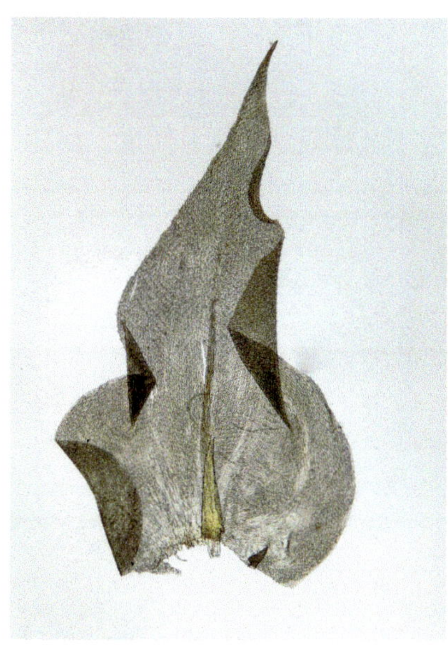

全叶

生境照

254 东亚蔓藓 *Meteorium atrovariegatum* Cardot & Thér.

植物体色深，暗绿色，老时色泽趋黑色，较硬挺。支茎长达10 cm以上，不规则稀疏羽状分枝，部分枝继续生长成支茎；枝条干时叶片覆瓦状贴生，先端锐尖至渐尖。茎叶阔椭圆状卵形，基部具小圆耳，上部渐尖或具长毛尖；叶边全缘或具细齿，多波曲。中肋稍粗，消失于叶片上部。叶上部细胞长卵形或菱形，细胞壁强烈加厚，长约25 μm，宽5 μm，每一叶细胞中央具单个粗疣，叶中部细胞近于长菱形或椭圆形。

生境：多于亚热带海拔500-2000 m的山地石灰岩石壁上生长。

分布：产于我国湖北、贵州；日本亦有分布。

生境照

叶缘细胞

全叶

255 丝带藓 *Floribundaria floribunda* (Dozy & Molk.) Fleisch.

植物体细柔，黄绿色或灰绿色，有时呈橙黄色，无光泽。主茎匍匐伸展，匍匐于基质或下垂，尖部呈细条状；不规则疏羽状分枝。茎叶干时贴茎，基部阔卵形，向上呈披针形尖。叶边具细齿；中肋柔弱，单一，消失于叶片中部以上。叶细胞透明，中部细胞线形至近于呈线形。内雌苞叶椭圆状卵形，具细长弯曲的毛尖。无中肋。蒴柄高出于雌苞叶，褐色，近孢蒴处粗糙。孢蒴短圆柱形或卵状椭圆形。

生境：多生于热带山地树、叶面及阴湿石壁上。

分布：产于我国湖北、台湾、四川、云南；喜马拉雅地区、斯里兰卡、印度、泰国、印度尼西亚、菲律宾、日本、巴布亚新几内亚、大洋洲和非洲亦有分布。

生境照

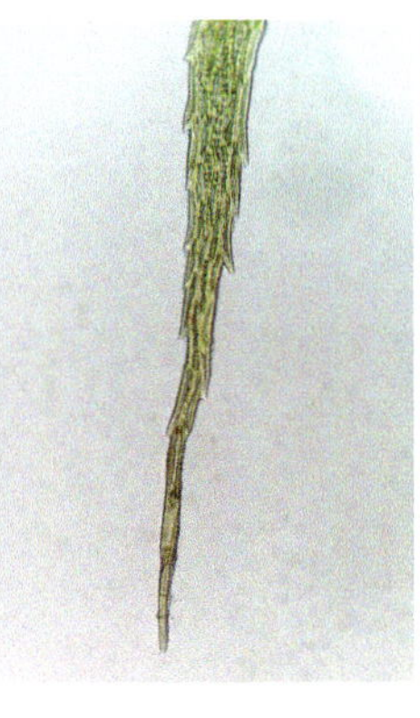

叶尖

全叶

256 散生细带藓 *Trachycladiella sparsa* (Mitt.) Menzel

植物体黄绿色至深绿色，无光泽。稀疏分枝，叶片着生成圆条形，钝端。茎叶阔心脏状卵形，两侧略下延，向上渐尖或呈毛状扭曲尖，基部着生处狭窄。叶边具波纹，具细齿；中肋单一，消失于叶片中部。叶细胞线形或长菱形，密被疣，不透明，壁厚，边缘细胞均具密疣；基部细胞长方形，透明无疣，胞壁加厚，具壁孔；角细胞方形或近于呈方形。

生境： 多生于海拔1200-2500 m的树干、树枝和灌木上。

分布： 产于我国福建、湖北、四川、云南、西藏；尼泊尔、不丹、印度、缅甸、泰国和老挝亦有分布。

叶尖　　生境照　　全叶

257 斯氏悬藓 *Barbella stevensii* (Renauld & Cardot) M. Fleisch.

植物体中等大小，淡褐色，略具光泽。支茎细长，先端垂倾，疏分枝，分枝单一，长可达1.5 cm，常弯曲，扁平被叶，连叶宽约4 mm。茎叶斜展或贴生，卵形，向上延伸成渐尖长而较少扭曲的尖部，内凹，稍具纵褶。叶边具细齿，基部略背卷；中肋消失于叶片中部。枝叶与茎叶近似，稍宽。叶细胞透明，线形，两端锐尖，长约60 μm，每个细胞具单个疣，常不明显，细胞壁薄；基部叶细胞宽短，近于呈长方形；角细胞方形，细胞壁略加厚。雌雄同株异苞。

生境： 多生于林下岩面和树枝上。

分布： 产于我国湖北、云南、西藏；尼泊尔和印度亦有分布。

生境照

258 气藓 *Aerobryum speciosum* Dozy & Molk.

植物体粗壮，绿色或黄绿色，具光泽。主茎匍匐，支茎悬垂，不规则疏羽状分枝，具叶枝近于扁平。叶疏松倾立或近于横列，阔卵形或心脏状卵形，具短尖或细尖；叶边具细齿；中肋单一，细弱，长达叶片中部。叶细胞线形，平滑无疣，角细胞不分化。内雌苞叶直立，较茎叶小，长卵形，有狭长尖，具齿。

生境： 多生于林下树上或岩石上。

分布： 产于我国湖北、广东、广西、四川、云南、西藏；喜马拉雅地区、印度、斯里兰卡、泰国、越南、日本、菲律宾和巴布亚新几内亚亦有分布。

生境照　　叶中部细胞

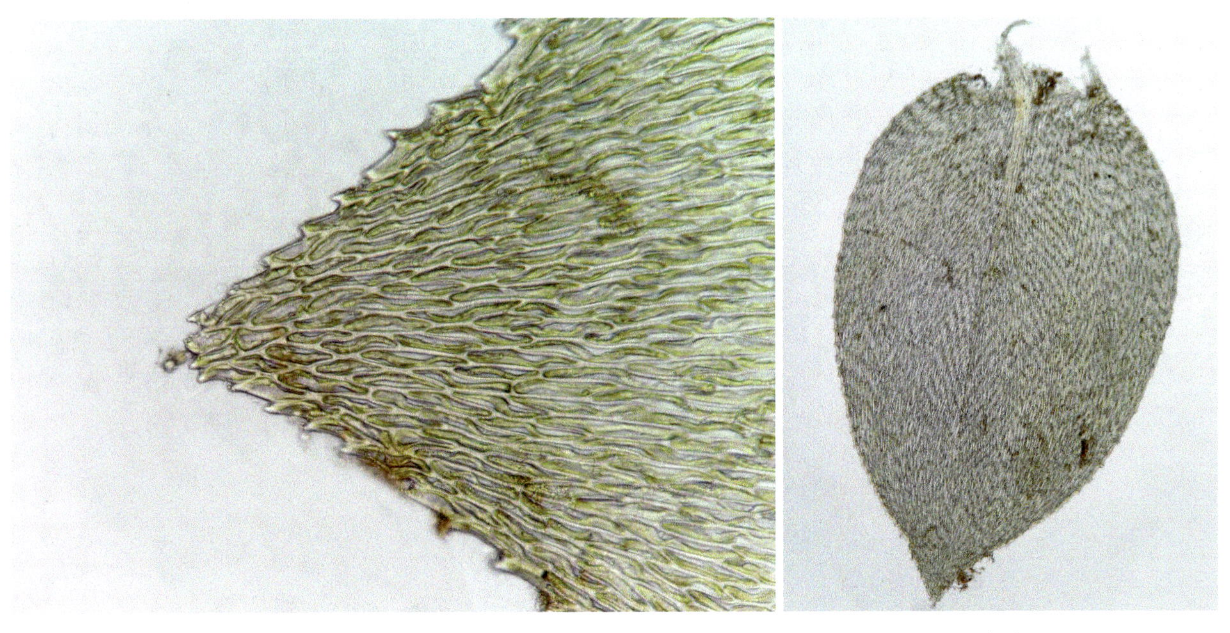

叶尖细胞　　全叶

51. 灰藓科 Hypnaceae

259 毛梳藓 *Ptilium crista-castrensis* (Hedw.) De Not.

植物体密集交织成垫状，淡绿色或黄绿色，稍具光泽。茎匍匐，密羽状分枝，分枝平展。假鳞毛狭披针形。茎叶与枝叶异型。茎叶阔卵状三角形，向上渐呈披针形，叶尖较长，强烈背仰，或向背面弯曲，叶边上部具齿；中肋2条，达叶中部消失。枝叶狭卵状披针形，呈镰刀状一向弯曲；中肋不明显。雌雄异株。蒴柄红棕色。孢蒴倾立或平列，长卵形。蒴盖圆锥形，先端钝。

生境照

生境： 多生于针叶林或针阔叶混交林下，在我国西南地区杜鹃林下也常见，喜生于沼泽地或溪边的腐殖土、岩面、腐木及树干上。

分布： 产于我国黑龙江、吉林、内蒙古、山西、陕西、新疆、湖北、江西、四川、云南、西藏；蒙古国、朝鲜、日本、俄罗斯（远东地区、西伯利亚）、尼泊尔、不丹、欧洲和北美洲亦有分布。

260 美灰藓 *Eurohypnum leptothallum* (Müll. Hal.) Paris

植物体细长，淡黄绿色或黄褐色，有时为红褐色，稍具光泽，密集平铺成垫状。茎不规则羽状分枝；分枝倾立，长短不等，生叶枝呈圆条形。叶淡黄色，密生，干时紧贴，湿时直立开展，阔卵状披针形，内凹，基部狭窄，尖端急狭成短尖或长尖，叶尖直立或一向偏斜；叶缘平滑，仅尖端具细齿；中肋2条，不明显或无中肋。孢蒴褐色，近于直立或稍弯曲。

生境： 多生于竹林、油松林、云杉林、常绿落叶针阔叶混交林、高山草甸等岩面薄土上，稀生于树根、树干或腐木上。

分布： 产于我国黑龙江、北京、山西、山东、甘肃、新疆、江苏、安徽、湖北、江西、四川、贵州、西藏；蒙古国、日本、朝鲜、俄罗斯（远东地区、西伯利亚）亦有分布。

全叶

叶缘细胞

生境照

261 大灰藓 *Hypnum plumaeforme* Wilson

植物体型大，黄绿色或绿色，有时带褐色。茎匍匐，规则或不规则羽状分枝，分枝平铺或倾立，扁平或近圆柱形。假鳞毛少数，黄绿色，丝状或披针形。茎叶基部不下延，阔椭圆形或近心脏形，渐上阔披针形，渐尖，尖端一向弯曲，上部有纵褶；叶缘平展，尖端具细齿。雌雄异株。孢蒴长圆柱形，弓形弯曲，黄褐色或红褐色。孢子较小。蒴盖短钝，圆锥形。

生境：多生于阔叶林、针阔叶混交林、箭竹林、杜鹃林等腐木、树干、树基、岩面薄土、土壤、草地、砂土及黏土上。

分布：产于我国吉林、河南、陕西、甘肃、江苏、安徽、浙江、湖北、江西、湖南、福建、海南、广西、四川、贵州、云南、西藏；朝鲜、日本、越南、尼泊尔、菲律宾及俄罗斯（远东地区）亦有分布。

生境照　　全叶　　叶尖

262 长蒴灰藓 *Hypnum macrogynum* Besch.

植物体较粗壮，有时具光泽。中轴有分化；规则稀疏羽状分枝，稀二回羽状分枝，尖端渐尖；茎叶镰刀状一向弯曲，阔椭圆状披针形，渐尖，具小尖，叶基近心脏形，具纵褶；边缘平展，稀下部背卷，近于全缘或尖端具细齿；中肋2条，短弱。枝叶小，下部边缘通常背卷；角细胞分化不明显。雌雄异株。蒴柄长可达4.7 cm，红褐色。孢蒴黄褐色，倾立，较大，圆柱形，长约4 mm，为灰藓属中孢蒴最长的种，干时稍弯曲。蒴盖圆锥形。

生境：多生于栎林、华山松林、云杉林、竹林、冷杉林、落叶松林、杜鹃林、红桦林内的树干、树基、腐木、草甸、岩面及薄土上。

分布：产于我国山西、湖北、广东、四川、贵州、云南、西藏；尼泊尔、缅甸、不丹亦有分布。

生境照

叶尖

全叶

263 弯叶灰藓 *Hypnum hamulosum* Schimp.

植物体较纤细，柔弱，小型，黄绿色，稍具光泽，密集交织成垫状。茎匍匐，密集时倾立；规则或不规则羽状分枝，分枝扁平；假鳞毛少数，着生于分枝基部，披针形。茎叶强烈弯曲成镰刀状，阔椭圆状披针形或卵状披针形，具长尖；叶边平展，全缘或上部具细齿，有时下部背卷；中肋短弱，2条或无中肋。叶细胞狭长线形，中部细胞长。雌雄异株或雌雄异苞同株。孢蒴圆柱形，倾立或平列，稍弯曲，橘黄色，干时口部以下收缩，平滑。蒴盖圆锥形，尖端钝。

生境：多生于杂木林、针阔叶混交林、杜鹃林内的土表、腐殖土、石壁和草丛中，稀生于树皮上。

分布：产于我国黑龙江、吉林、辽宁、河北、河南、甘肃、新疆、江苏、安徽、浙江、湖北、江西、湖南、四川、贵州、云南、西藏；俄罗斯（西伯利亚）、欧洲及北美洲亦有分布。

生境照

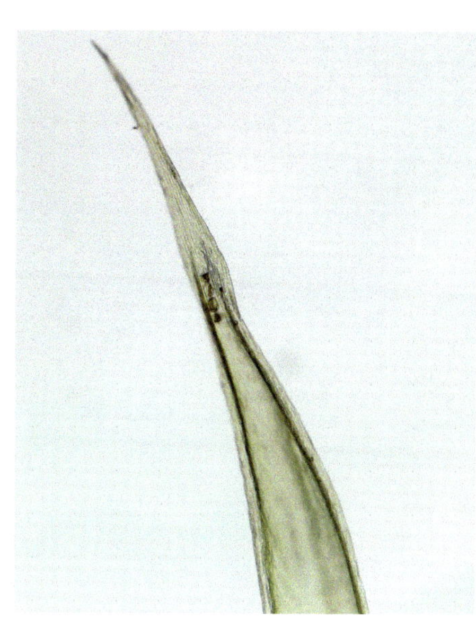

叶尖

全叶

264 密枝灰藓 *Hypnum densirameum* Ando

植物体细弱，密集丛生，褐绿色。茎匍匐，具假根。茎叶镰刀状弯曲，三角状或长卵状披针形，尖端渐尖，具长尖；叶基部边缘背卷，全缘，仅上部有细齿；中肋2条，明显，在叶基部分离。叶中部细胞狭长线形，壁厚；叶基部细胞壁厚，褐色，有壁孔；角细胞明显分化疏松，透明，近于方形，近边缘具3-5列。枝叶较小，狭长披针形，镰刀状弯曲或环形弯曲；叶细胞狭长，狭长披针形，壁厚，角细胞分化明显。雌雄同株。蒴柄淡褐色，干时下部向右旋转，上部向左旋转。孢蒴平列，长椭圆形。蒴盖圆形，尖端圆钝，具喙。

生境：多生于栎林下岩面薄土上。

分布：产于我国湖北、陕西、贵州；日本亦有分布。

生境照

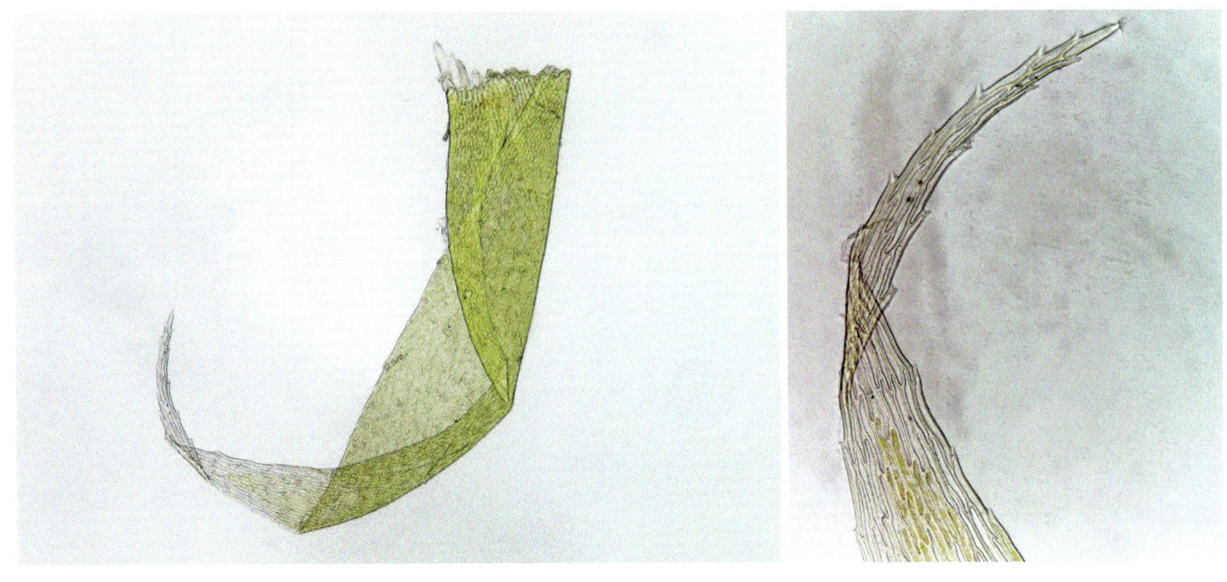

全叶　　叶尖

265 东亚拟鳞叶藓 *Pseudotaxiphyllum pohliaecarpum* (Sull. & Lesq.) Z. Iwats.

植物体较大，淡绿色，通常带红色或紫红色，具光泽。无假鳞毛。叶疏松开展，阔卵圆形，尖端宽短，渐尖；叶边缘上部具细齿；无中肋或2条短肋，偶见单中肋。叶片中部细胞狭长线形，长80-100 μm，宽4-6 μm，壁薄。叶尖细胞较短，菱形或长椭圆状菱形；叶基细胞长方形或近狭长形，长40-50 μm，宽4.5-7 μm，壁略厚；角细胞不分化。雌雄异株。孢蒴平列，具较长台部，褐色。在叶腋着生有成簇的无性芽孢，无性芽孢扭曲。

生境： 多生于林下土、腐殖土、岩面、树干或腐木上。

分布： 产于我国辽宁、山东、江苏、安徽、浙江、湖北、江西、湖南、福建、广东、海南、广西、贵州、云南、西藏；日本、越南及老挝亦有分布。

生境照

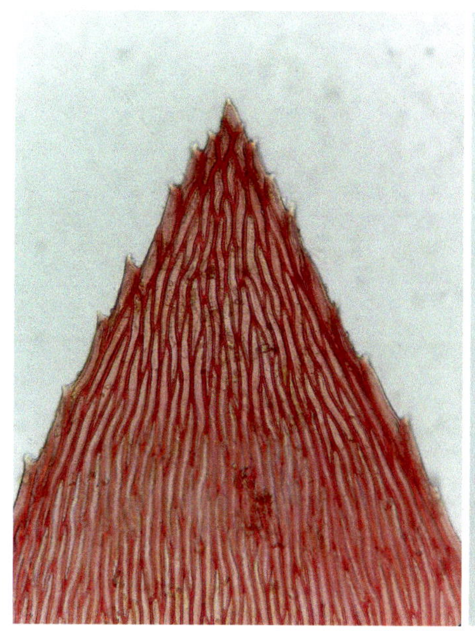

叶尖

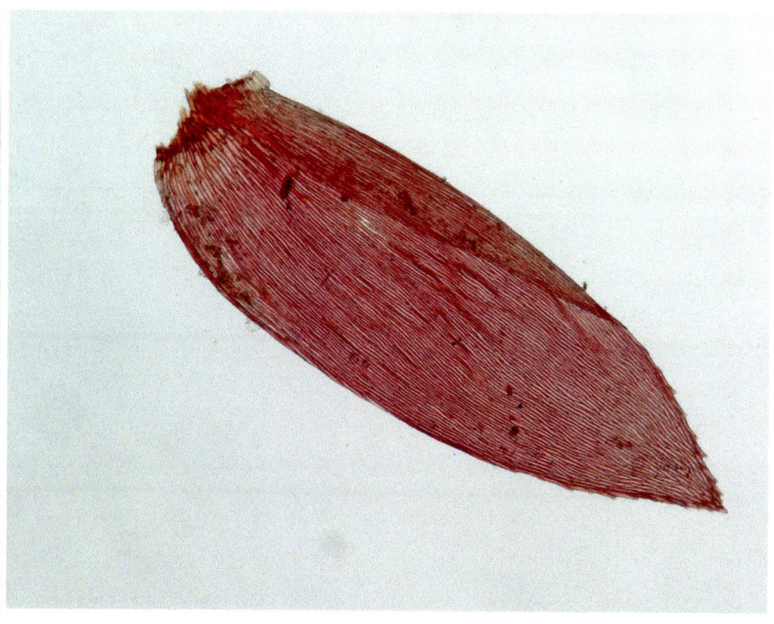

全叶

266 密叶拟鳞叶藓 *Pseudotaxiphyllum densum* (Cardot) Z. Iwats.

植物体少有分枝。叶多少扁平，稍密集，直立伸展，卵圆形，尖端短渐尖，长约0.9 mm，宽0.4 mm；叶边缘上部具细齿；中肋不明显。叶中部细胞长线形，壁薄，角隅加厚；叶基部细胞渐狭，长方形或菱形，壁厚；角细胞不分化。无性芽孢数少，不常见，不成簇着生于叶腋，短粗。

生境： 多生于林下土、岩面、树干及腐木上。

分布： 产于我国湖北、江西、福建、广东、海南、广西、贵州、云南；日本亦有分布。

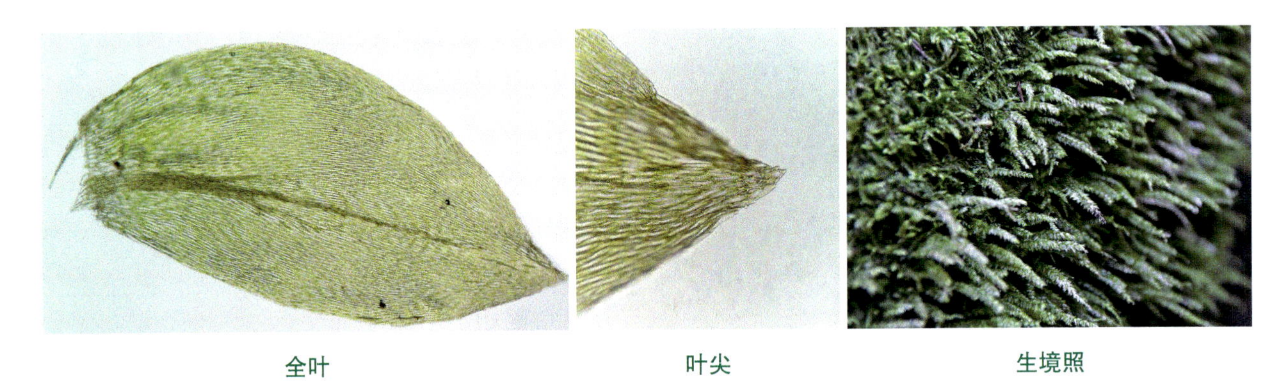

全叶　　叶尖　　生境照

267 互生叶鳞叶藓 *Taxiphyllum alternans* (Cardot) Z. Iwats.

植物体粗壮，绿色或黄绿色。植物体倾立，无长分枝。假鳞毛三角形，具长尖。叶疏覆瓦状排列，卵圆形或卵圆状长椭圆形，先端急尖或具短尖，长约3.5 mm，宽约1.3 mm，略内凹；叶边全缘，仅中上部具细齿；中肋相对较长，为叶长的1/3，叉状。叶中部细胞狭长菱形，长100-130 μm，宽9-12 μm；上部细胞较短，长菱形且壁厚；叶下部细胞狭长菱形或长卵圆形，宽短，叶尖细胞较大，长65-85 μm，宽12-16 μm，长方形，壁稍厚；角细胞不分化。

生境： 多生于林下湿土、岩面、腐木及树干基部。

分布： 产于我国河南、陕西、甘肃、湖北、贵州；日本、朝鲜及北美洲东部亦有分布。

生境照

全叶

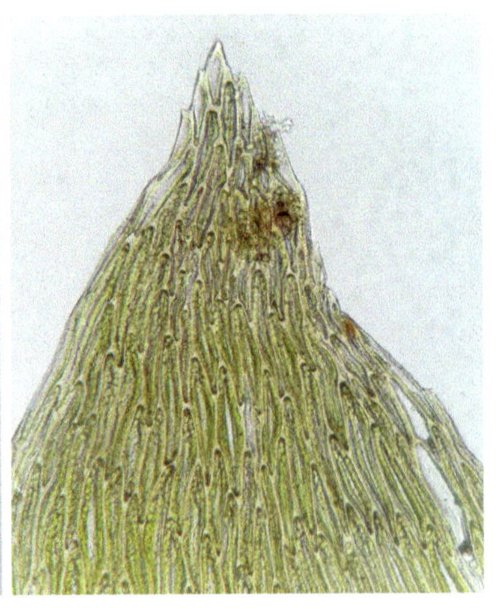

叶尖

268 鳞叶藓 *Taxiphyllum taxirameum* (Mitt.) M. Fleisch.

植物体中等大小，黄绿色或黄褐色，稍具光泽。茎匍匐，分枝少。假鳞毛三角形。茎叶和枝叶斜展，呈两列扁平排列，卵圆状披针形，先端宽，渐尖，基部一侧常内折，两侧不对称，略下延，内凹，长约1.8 mm，宽约0.6 mm；叶边一侧常内曲，具细齿；中肋2条，短弱或不明显。雌雄异株。孢蒴长椭圆形，平列，两侧不对称，干时口部以下收缩。蒴齿下部褐色，上部色淡。

生境：多生于针阔叶混交林下土上和岩面，也见于树干或腐木上。

分布：产于我国黑龙江、吉林、辽宁、内蒙古、河北、山东、河南、陕西、甘肃、宁夏、江苏、安徽、浙江、湖北、江西、湖南、福建、广东、广西、四川、云南、西藏；尼泊尔、印度、斯里兰卡、日本、朝鲜、菲律宾、北美洲（东部）、中南美洲及澳大利亚亦有分布。

叶缘

全叶

生境照

269 皱叶粗枝藓 *Gollania ruginosa* (Mitt.) Broth.

植物体中等大小或小型，淡黄绿色或淡褐绿色，具光泽。茎平展，扁平被叶。茎叶有分化；背面叶略弯向一侧，狭长卵圆状披针形，具长尖；叶基近于呈心脏形，常下延，具纵褶，尖部具横皱纹；叶边平展，或背卷，上部具不规则细齿；中肋2条，为叶长度的1/4-1/3，一般在基部分离。腹面叶尖端具明显横皱纹。孢蒴平列或垂倾，卵状圆柱形。孢子直径13-21 μm。

生境：喜生于暖温带或寒温带林区岩面、砂土、腐殖土、树干或腐木上。

分布：产于我国吉林、辽宁、河南、甘肃、安徽、湖北、四川、贵州、云南、西藏；日本、朝鲜、印度西北部、不丹及俄罗斯（远东地区）亦有分布。

生境照

全叶　　叶尖

52. 锦藓科 Sematophyllaceae

270 拟疣胞藓 *Clastobryopsis planula* (Mitt.) Fleisch.

植物体匍匐，形成垫状。茎多分枝，直立，枝条平展。茎叶和枝叶阔卵形或卵状披针形，基部下延，短尖；双中肋短弱，有时极不明显。茎叶边缘卷曲。枝叶平展，具弱齿。叶细胞狭菱形或菱形；叶角部由一群膨大、方形或长方形、壁薄或壁厚的细胞组成，向上逐渐呈狭长菱形。雌苞叶狭披针形，渐尖。孢子体不常见，一般生于主茎上。孢蒴小，近于球形或卵圆形，倾斜或平列。蒴盖圆锥形，具短喙。

生境：多见于树干上。

分布：产于我国湖北、广西、四川、贵州、云南、西藏；尼泊尔、日本、印度尼西亚和菲律宾亦有分布。

全叶

生境照

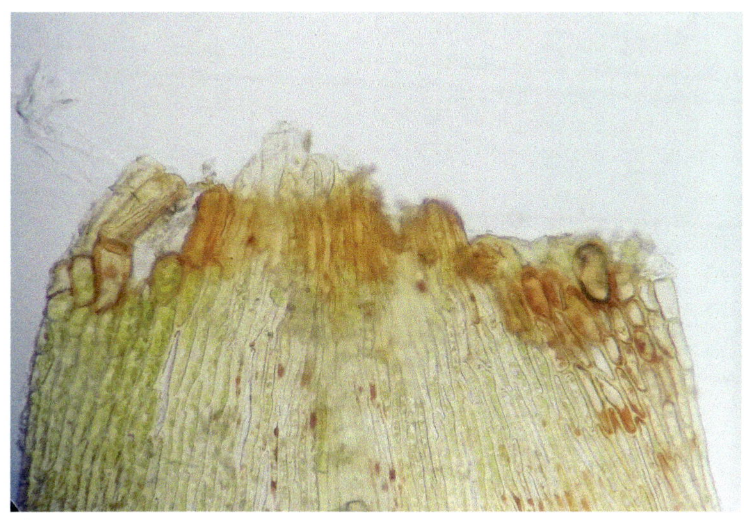

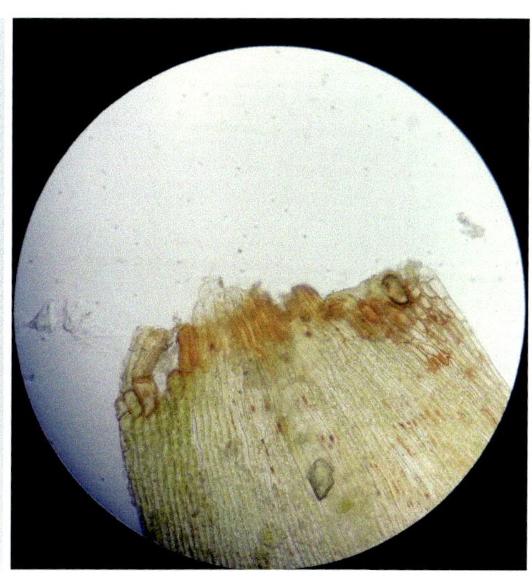

叶基细胞

271 东亚小锦藓 *Brotherella fauriei* (Cardot) Broth.

植物体呈垫状。主茎和支茎红色，平展，匍匐延伸，不规则分枝。茎叶直立，稍弯曲，卵状披针形，稍内凹，基部宽，渐成长尖，近叶尖处具齿。枝叶尖部较直，具细齿。叶细胞线形；角细胞形成一列膨大的细胞。雌苞叶狭披针形，具纵褶，渐成具齿的长尖，叶细胞具疣状突起。孢蒴长卵形至圆柱形，稍呈弓形弯曲。蒴盖具短喙。

生境： 多生于岩面、土面和树干上。

分布： 产于我国安徽、浙江、湖北、江西、福建、台湾、广东、海南、四川、贵州、云南；日本亦有分布。

生境照

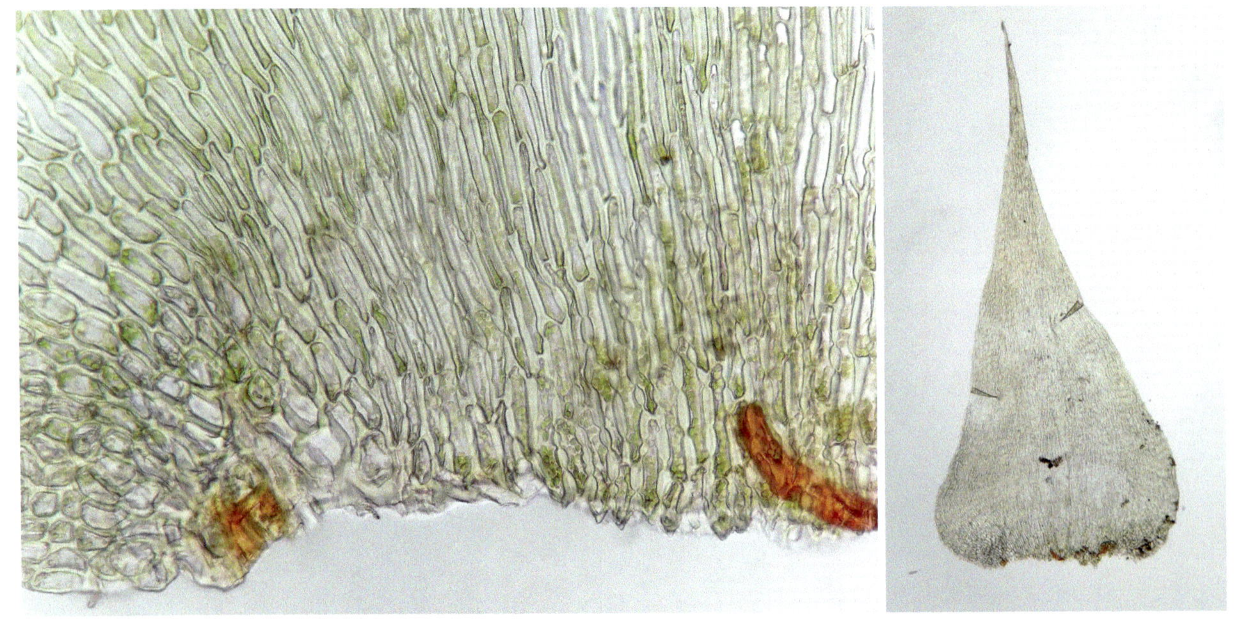

叶基细胞　　全叶

53. 绢藓科 Entodontaceae

272 长柄绢藓 *Entodon macropodus* (Hedw.) Müll. Hal.

植物体扁平，呈淡绿色至黄绿色，有时呈褐色，具光泽。茎长5 cm以上，匍匐，疏松亚羽状分枝。茎及枝扁平。叶扁平，矩圆形、披针形或矩圆状卵形，先端具1短而宽的小尖头，具微齿。枝叶与茎叶相似，均具2条短中肋，但枝叶较狭，先端具锐齿。蒴柄黄色。孢蒴直立，圆筒形，淡褐色；无环带。蒴齿双层。蒴盖具短而斜的喙。孢子球形，具细疣。

生境：附生于树干上。

分布：产于我国黑龙江、内蒙古、陕西、江苏、浙江、湖北、江西、湖南、福建、广东、香港、广西、四川、云南、西藏；中国特有种。

生境照

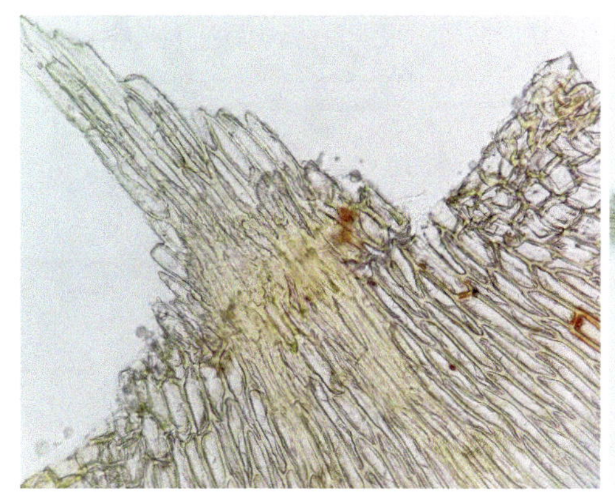

叶基细胞　　全叶

273 贡山绢藓 *Entodon kungshanensis* R. L. Hu

植物体绿色，具光泽，交织成片。茎长可达5 cm以上，不规则羽状分枝，带叶的茎及枝扁平，在同一平面。枝长1-4 cm。茎叶长椭圆状卵形，强烈内凹，先端具1狭长的尖头，具2条短小的中肋。蒴柄黄色，长约1 cm，平滑。孢蒴直立，长椭圆状圆筒形；环带缺失。蒴齿深陷于前口内侧，外齿层齿片线状披针形，基部6-7节片具横纹，中部5-6节片具纵行或斜行的条纹，最上部4节片具疣；内齿层不完全，仅见残片。蒴盖圆锥形，具喙。

生境：多生于树干上。

分布：产于我国湖北、云南；中国特有种。

全叶

叶尖

生境照

274 绿叶绢藓 *Entodon viridulus* Cardot

植物体中等大小，呈绿色，常交织成柔软的一大片，具光泽。疏松亚羽状分枝。叶在茎和枝上略呈扁平排列。茎叶长椭圆形，内凹，先端略钝，上部边缘具微齿，中部以下边缘略反卷，叶基部收缩，内凹。枝叶与茎叶相似。叶中部细胞线形，先端细胞渐短；基角部则由多数方形细胞组成，细胞膨大，但不延伸至中肋。蒴柄黄色。孢蒴长椭圆状圆筒形，蒴口部由许多纵列的扁平细胞组成。蒴轴发达，伸出蒴口部。蒴盖圆锥形，具喙。孢子小，具疣，圆球形。

生境：多生于石上或土上。

分布：产于我国辽宁、浙江、湖北、江西、湖南、广东、海南、广西、四川、云南；日本、朝鲜亦有分布，为东亚特有种。

叶基细胞

全叶

生境照

275 厚角绢藓 *Entodon concinnus* (De Not.) Paris

植物体粗壮，黄色或褐绿色，具光泽，交织成大片生长。茎匍匐，长可达10 cm，羽状分枝。枝大多单一，稍弧曲，先端急尖或渐尖。叶在茎和枝上螺旋状排列，湿时伸展，内凹，先端钝或具小尖头；叶缘全缘，基部反卷，先端内卷成兜状。叶中部细胞呈狭线状虫形；基角部不透明，由2层方形细胞组成。蒴柄红褐色。孢蒴圆筒形；蒴帽兜形。孢子球形。

生境： 多生于林下土坡、树干或石面上。

分布： 产于我国吉林、内蒙古、河北、河南、陕西、新疆、安徽、浙江、湖北、四川、贵州、云南、西藏；加拿大、美国、墨西哥、俄罗斯、日本、朝鲜、土耳其、意大利、西班牙、法国、德国、捷克、匈牙利、英国、瑞典和挪威亦有分布。

全叶　　叶尖

生境照

276 变枝绢藓 *Entodon divergens* Broth.

植物体粗壮，黄绿色，具光泽。茎纤长，匍匐，长2-3 cm，密生叶。枝伸展，长1.0-1.5 cm，密生叶。茎叶伸展，内凹，基部收缩，呈椭圆形，向先端渐狭，长2.4-2.8 mm，宽0.5-0.7 mm，叶缘全缘，无中肋。叶中部细胞线形，20 μm × 2 μm；角细胞方形，膨大，突出，数多。蒴柄黄色，长1.5-2.0 cm。孢蒴长椭圆状圆筒形，外齿层齿片三角状披针形，通体具纵条纹；内齿层齿条线形，具疣；环带缺失。蒴盖锥形，具喙，先端钝。

生境：附生于树干。

分布：产于我国湖北、江西、云南、西藏；中国特有种。

叶尖　　全叶

生境照

277 中华绢藓 *Entodon smaragdinus* Paris & Broth.

植物体暗绿色，有时黄绿色，具光泽。茎匍匐，近羽状分枝，带叶的茎及枝扁平。茎叶长卵圆形，内凹，先端钝或具短尖头；叶具2短中肋，有时缺失；中部细胞线形，至上部则渐短；角细胞透明，四方形，延伸至中肋。枝叶与茎叶同形，但较狭小。外齿层齿片呈披针形，基部4-5个节片平滑，上部具细疣。蒴柄长0.5-1.5 cm，蒴帽兜形；孢蒴椭圆形至圆形。

生境：多生于树干上。

分布：产于我国江苏、安徽、湖北、四川；中国特有种。

生境照　　全叶

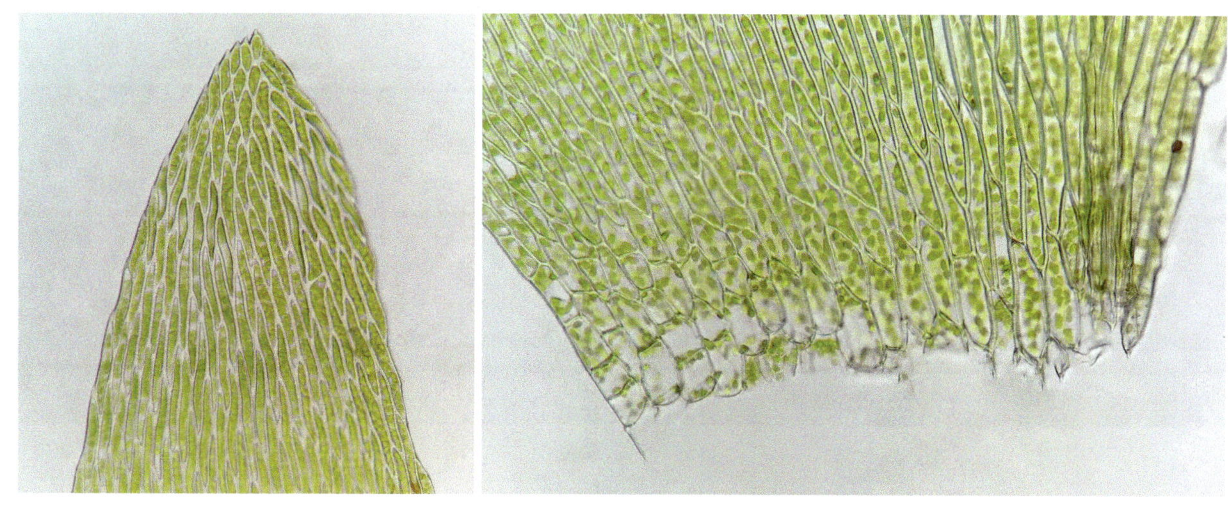

叶尖　　叶基细胞

278 细绢藓 *Entodon giraldii* Müll. Hal.

植物体纤细，暗绿色或黄绿色。茎匍匐，亚羽状分枝。枝疏生，先端渐尖，干时略弯曲，湿时伸展。茎和枝上密生叶，扁平。茎叶三角状卵形。枝叶长椭圆形，先端具细齿或圆齿。蒴柄红褐色。孢蒴直立，对称；蒴轴发达，与蒴盖相连；环带由2列厚壁细胞组成；外齿层齿片线状披针形，橙褐色，基部1-3节片上有由疣排列成的横纹，以上则由疣排列成斜纹或纵纹，但最先端的1-2节片平滑；内齿层齿条线形，平滑，与齿片等长。蒴盖圆锥形，具喙。孢子圆球形。

生境： 多生于岩面或树皮上。

分布： 产于我国黑龙江、吉林、辽宁、内蒙古、河北、陕西、安徽、浙江、湖北、湖南、广西、四川、贵州、云南；朝鲜、日本、俄罗斯（远东地区）亦有分布。

叶尖　　　　全叶

生境照

279 亚美绢藓原变种 *Entodon sullivantii* (C. Muell) Lindb. var. *sullivantii*

植物体呈绿色，具光泽，交织成片。茎匍匐，不规则或亚羽状分枝，渐尖。茎叶卵状披针形，内凹，先端锐尖，具圆齿，基部略收缩；中肋2条，短而强劲。叶中部细胞线形；角细胞方形或矩形，透明，数多。枝叶较茎叶狭，先端具锐齿。蒴柄红褐色至橙色。孢蒴圆筒形；蒴齿双层，外齿层齿片线状披针形，基部数节片具横纹，向上转变为纵条纹，末端转变为不规则的条纹；内齿层齿条线形，较齿片略短，呈淡黄色，平滑。蒴盖锥形，具喙。孢子圆球形，具细疣。

生境： 多生于林下地面、树干基部或岩面上。

分布： 产于我国黑龙江、吉林、辽宁、江苏、安徽、浙江、湖北、江西、湖南、福建、广东、广西、云南、西藏等地；在日本和北美洲亦有分布。

生境照

叶中肋　　叶尖

280 横生绢藓 *Entodon prorepens* (Mitt.) A. Jaeger

植物体黄绿色，具光泽，交织成片。茎匍匐，羽状分枝。枝长0.5-1.0 cm，密生叶，呈圆条状。茎叶长卵形，内凹，具2条明显的中肋。枝叶卵状披针形，先端渐尖，略钝；中肋2条，强劲；叶缘全缘或先端具微齿。叶中部细胞线形；角细胞数多，方形或矩形。蒴柄红色，直立。孢蒴直立或稍倾斜，卵形至长卵形。蒴盖圆锥形，具喙。

生境： 多生于石上或土壤上。

分布： 产于我国吉林、内蒙古、安徽、湖北、江西、湖南、福建、广东、广西、四川、云南；印度亦有分布。

生境照

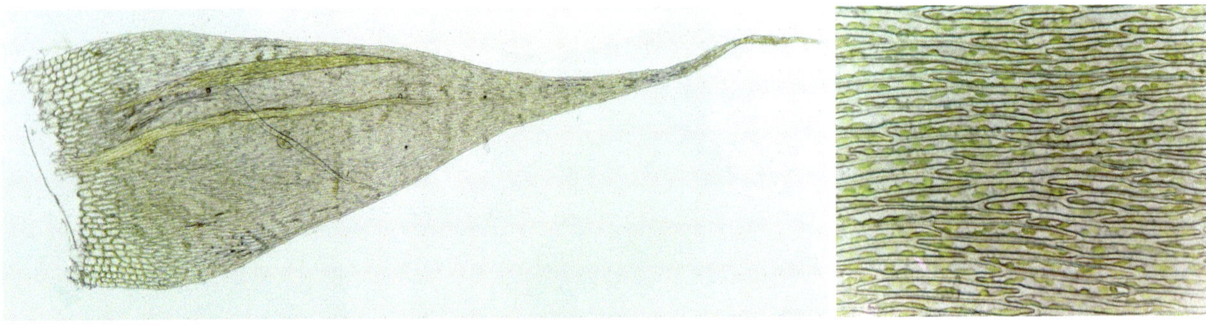

全叶　　叶中部细胞

281 亮叶绢藓 *Entodon schleicheri* (Schimp.) Demet.

植物体黄绿色，具光泽，交织成片。茎匍匐，不规则羽状分枝。枝短小，略扁平或多少呈圆条状。茎叶湿时疏松折叠，长椭圆状舟形，渐尖或先端具小尖头，基部边缘略内卷，全缘；中肋2条，短小或缺失。叶中部细胞狭线形。雌苞叶较小，基部稍呈鞘状，上部渐尖。蒴柄红色，直立。孢蒴圆筒形，褐色；蒴齿双层，外齿层齿片线状披针形，基部3-4节片上具横行的条纹，向上突然转变成纵行的条纹，或由疣排列成的纵线纹或斜线纹，最先端1-2节片平滑。蒴盖圆锥状，具喙，先端钝。

生境： 多生于林下石上。

分布： 产于我国黑龙江、吉林、内蒙古、河北、山西、陕西、甘肃、新疆、安徽、湖北、江西、广东、海南、四川、贵州、云南；中国特有种。

全叶

生境照

叶尖

282 深绿绢藓 *Entodon luridus* (Griff.) A. Jaeger

植物体粗壮，绿色或黄绿色，具光泽，疏松交织成片，有时呈红褐色，略具光泽。茎匍匐，亚羽状分枝。叶在茎和枝上螺旋状排列。枝先端急尖或渐尖，上密生叶，叶干时紧贴，湿时伸展。茎叶呈长椭圆形，先端略钝，具小尖头，全缘或具微齿，边缘略反卷。叶中部细胞线形，向上渐短；角细胞方形，透明，未延伸到中肋。蒴柄红色或红褐色。孢蒴黄褐色至栗色。

生境：多生于岩面或树皮上。

分布：产于我国黑龙江、吉林、辽宁、河北、内蒙古、陕西、安徽、浙江、湖北、湖南、广西、四川、贵州、云南；朝鲜、日本、俄罗斯（远东地区）亦有分布。

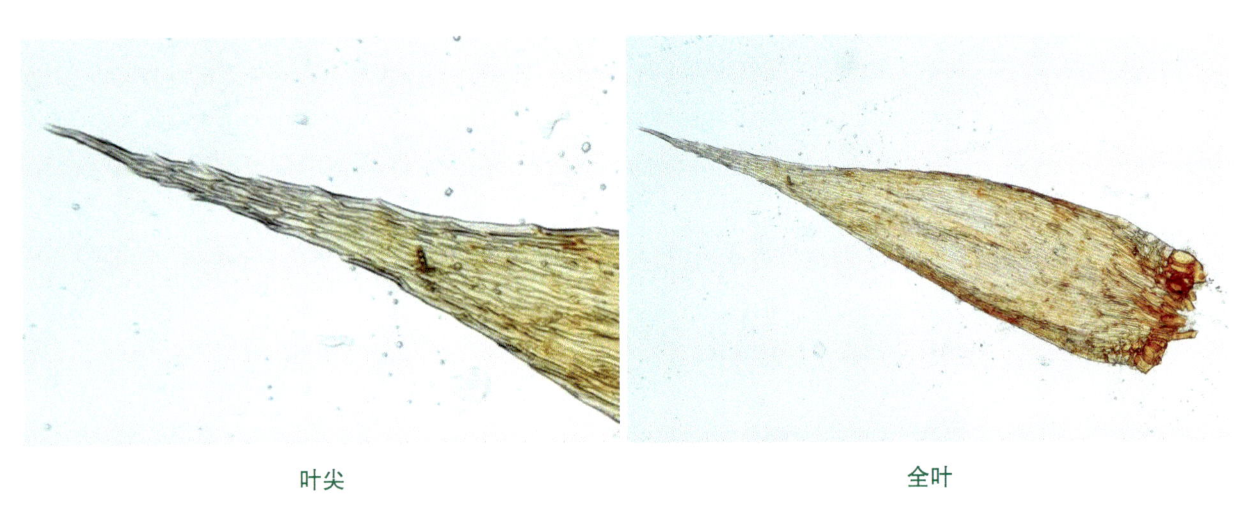

叶尖　　全叶

生境照

54. 白齿藓科 Leucodontaceae

283 中华白齿藓 *Leucodon sinensis* Thér.

植物体黄绿色或褐绿色，长约4 cm，鞭状枝稀少，无中轴。假鳞毛狭披针形。茎叶干时紧贴，湿时直立开展，卵状披针形，长2.5-3.2 mm，具长尖；叶边平展，仅尖端具细齿。叶细胞狭长形，上部细胞32-40 μm，平滑，壁薄；中部细胞长22 μm，宽2.7-5 μm；角细胞方形，长8 μm，宽8 μm，平滑，带红色。雌雄异株。孢蒴褐色，卵圆形。蒴齿两层，白色，外齿层齿片短披针形；内齿层膜状，残存，具密疣。蒴盖具短喙。孢子直径55-64 μm，具细疣。

生境：多生于林下树干上，稀生于岩面。

分布：产于我国陕西、甘肃、安徽、浙江、湖北、江西、湖南、福建、四川、贵州、云南；不丹和日本亦有分布。

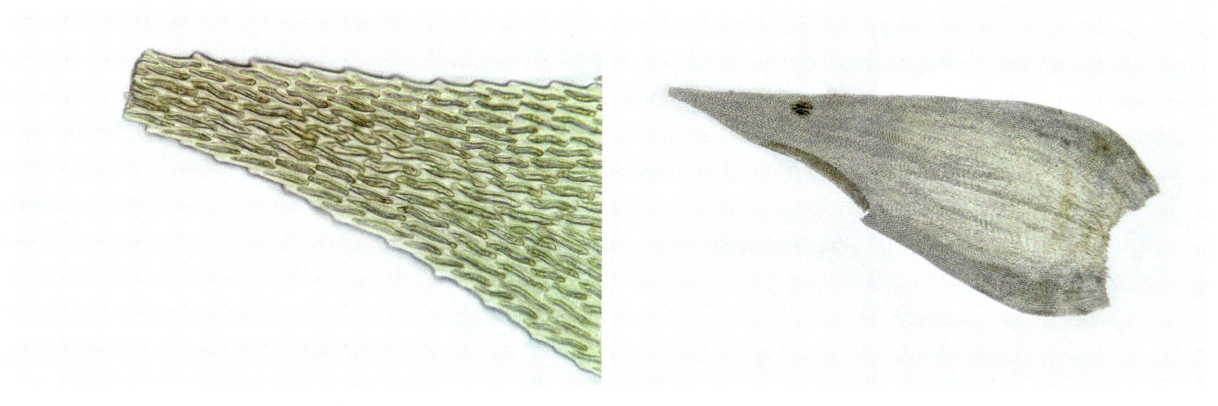

叶尖细胞　　全叶

生境照

284 偏叶白齿藓 *Leucodon secundus* (Harv.) Mitt.

植物体褐绿色。上升枝长3-6 cm，有中轴，分枝稀少，长可达5 cm。假鳞毛少数，披针形。茎叶干时偏向一侧或直立，具纵褶，略内凹，叶基部广卵形或狭卵形，渐尖。叶边全缘或尖端具微齿。叶细胞线形或菱形，壁厚。雌雄异株。蒴柄红褐色。孢蒴红褐色，卵球形或圆柱形，平滑，无气孔。蒴齿两层，白色。蒴盖具短喙。孢子同形。

生境：多生于针阔叶混交林下树干、腐木及岩面薄土上。

分布：产于我国湖北、湖南、四川、贵州、西藏；尼泊尔和印度亦有分布。

叶基　　叶尖

全叶　　生境照

55. 平藓科 Neckeraceae

285 短齿平藓 *Neckera yezoana* Besch.

植物体型较大，黄绿色或灰绿色，基部多褐色，略具光泽，多呈小片集生。主茎匍匐；支茎倾立，钝端，密不规则羽状分枝；分枝长约5 mm，疏松扁平被叶。茎叶干湿贴生，湿时倾立，卵状阔披针形，两侧近于对称，具短尖，内凹，上部具少数不规则波纹；叶边上部具细齿；中肋单一，细弱，消失于叶中部以上，或短而分叉。叶上部细胞长菱形或卵形，细胞壁强烈加厚，具壁孔；中部细胞狭菱形或线形，细胞壁厚而具壁孔；角细胞近于呈方形，壁厚。雌雄异苞同株。雌苞多着生于支茎上，稀枝生。孢蒴隐生于雌苞叶内，椭圆状卵形，棕色。蒴盖具斜喙。蒴帽具稀疏纤毛。

生境：多生于山地树干上。

分布：产于我国浙江、湖北、湖南、四川、西藏；日本和朝鲜亦有分布。

生境照

叶缘细胞　　全叶

286 延叶平藓 *Neckera decurrens* Broth.

植物体较纤长，黄绿色，具光泽，疏松丛集生长。主茎匍匐；支茎倾立，密扁平被叶，基部无分枝，上部羽状分枝，枝展出，钝端。茎叶倾斜展出，卵状椭圆形，内凹，基部趋窄，一侧常内折，长下延，上部多具浅横纹，尖部宽钝，渐尖；叶边全缘或尖部具细齿；中肋纤细，短弱或稀达叶片中部，或中肋不明显。叶尖部细胞卵形至长菱形，长15-20 μm，宽约5 μm；中部细胞长40-50 μm，宽5 μm，胞壁等厚；角部略加厚，基部下延细胞大而疏松，长方形，长60-100 μm，宽40-60 μm。雌雄异株。雌苞叶内卷，具狭披针形尖。孢蒴隐生。

生境： 多生于低海拔树干和阴湿岩面上。

分布： 产于我国湖北、湖南、贵州、云南；中国特有种。

生境照

全叶

叶尖

287 钝叶拟平藓 *Neckeropsis obtusata* (Mont.) M. Fleisch.

生境照

植物体形粗壮，淡绿色至黄绿色，多具光泽，老时呈浅褐绿色，呈小片状生长。主茎匍匐，具鳞片状叶和成束红棕色假根；支茎单一或稀疏近羽状分枝，有时尖部可延伸成鞭状枝。叶呈扁平8列或假4列状着生，阔长舌形，两侧不对称，上部等宽，具多数强横波纹，尖部圆钝，基部腹侧常内折成长披针形，具浅横波纹，基部狭窄，下延；叶边尖部具细齿；中肋单一，消失于叶片中部或分叉。叶细胞透明，尖部细胞方形或菱形，壁厚；中部细胞椭圆形至狭长方形；下部细胞长椭圆形，壁厚而具壁孔，无分化边缘。雌雄异株。雌苞着生于支茎上。蒴柄棕色，直立。孢蒴长卵形，棕色，大部分包被于雌苞叶内，仅尖部裸露。蒴盖短圆锥形，具斜喙。蒴帽兜形，密被纤毛。孢子球形，棕色，被疣。

生境： 多生于温湿林内树干或枝上，稀岩面生长。

分布： 产于我国甘肃、湖北、广西、四川；越南、琉球群岛和日本亦有分布。

288 刀叶树平藓 *Homaliodendron scalpellifolium* (Mitt.) M. Fleisch.

植物体型多较大，黄绿色或暗褐绿色，具光泽，往往大片生长。主茎匍匐贴生基质；支茎横切面呈椭圆形；倾立，长可达10 cm，一至三回扁平羽状分枝，呈扇形。茎叶阔卵状椭圆形，常呈刀形，两侧不对称，叶基明显趋窄，一侧基部内折，先端锐尖；叶边除尖部具不规则粗齿，两侧边缘均全缘；中肋单一，纤细，消失于叶片中部。枝叶与茎上部叶近似，但较小。叶尖部细胞菱形或不规则六角形。雌雄异株。蒴柄略高出于雌苞叶，略粗糙。孢蒴卵形。蒴盖圆锥形。蒴帽兜形，被稀疏纤毛。孢子纤细，具细疣。

生境： 多生于阴湿林内溪边岩面或老树干上。

分布： 产于我国湖北、江西、福建、四川、云南；日本南部和亚热带地区广泛分布。

生境照

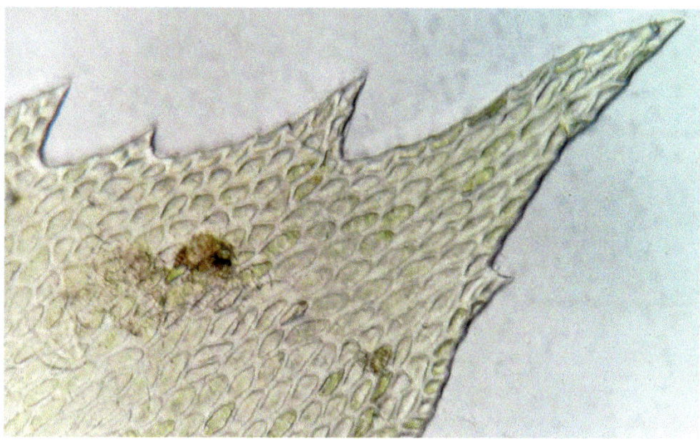
叶尖

全叶

289 疣叶树平藓 *Homaliodendron papillosum* Broth.

植物体型中等大小，多灰绿色、暗绿色或黄绿色，无明显光泽，疏松丛集成片生长。主茎纤细，匍匐；支茎直立或垂倾，上部一至三回羽状分枝；假鳞毛纤细，极稀少。茎叶扁平排列，斜展，卵形至舌形，两侧不对称，干时具纵长褶，尖部钝，具小尖和粗齿，基部略下延；中肋较粗，长达叶片2/3处或叶尖下部。枝叶与茎叶近似，但叶基狭窄。雌雄异株。蒴柄直立淡黄色，平滑。孢蒴卵形或长卵形；环带缺失。蒴盖小，喙弯向一侧。孢子直径15-22 μm。

生境： 多生于中等海拔的常绿阔叶树树干上。

分布： 产于我国安徽、湖北、江西、湖南、福建、广西、贵州、云南；尼泊尔、不丹和越南北部亦有分布。

叶尖　　全叶

生境照

56. 木藓科 Thamnobryaceae

290 匙叶木藓 *Thamnobryum subseriatum* (Mitt. ex Sande Lac.) B. C. Tan

植物体大型，暗绿色或褐绿色，多丛集成大片状生长。主茎匍匐于基质上，叶片多脱落；支茎直立，上部呈羽状分枝，并再次不规则分枝而呈树形。叶卵形，具锐尖，强烈内凹；叶边近尖部具疏粗齿；中肋单一，粗壮，近于达叶尖部，背面常具少数粗齿。叶细胞菱形至六角形，胞壁厚。雌苞多生于植株顶端。雌苞叶具短尖。蒴柄可达长2 cm 以上。孢蒴椭圆形至长椭圆形，略呈弓形弯曲。外齿层齿片披针形，下部具横条纹，上部具细疣；内齿层具高基膜。蒴盖具长喙，孢子直径10-12 μm。

生境： 多生于树干基部和岩面上。

分布： 产于我国湖北、台湾；日本、朝鲜和俄罗斯（远东地区）亦有分布。

叶缘细胞

全叶

生境照

291 南亚木藓 *Thamnobryum subserratum* (Hook.) Nog. & Z. Iwats.

植物体与匙叶木藓近似，黄绿色，老时褐绿色，近于无光泽。主茎匍匐；支茎直径0.5 mm，横切面呈椭圆形，中轴分化。假鳞毛呈片状；上部羽状分枝；枝尖常一向弯曲，长1-2 cm。茎叶阔卵形，长约3 mm，略内凹；叶边尖部具疏齿；中肋粗壮，消失于叶片上部，背面上部平滑，稀具刺。叶上部细胞多角形或不规则长方形，壁厚，角部略加厚；叶基中央细胞长方形。枝叶狭卵形，长约2.5 mm，略内凹。雌雄同株。雌苞叶长披针形。孢蒴卵形至椭圆形。

生境：多于林内阴湿石生，稀树干生长。

分布：产于我国浙江、湖北、湖南、四川、云南；日本、喜马拉雅地区、印度、斯里兰卡和菲律宾亦有分布。

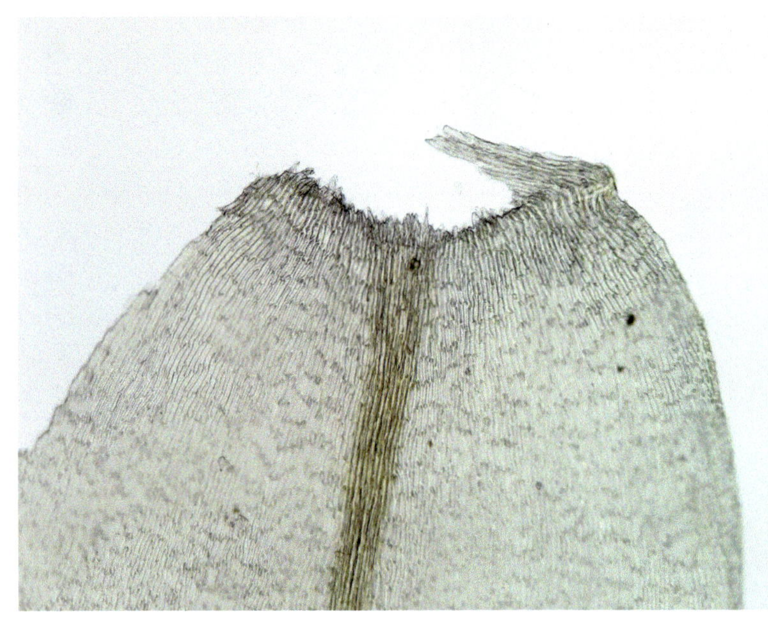

叶基

叶尖

生境照

292 东亚羽枝藓 *Pinnatella makinoi* (Broth.) Broth.

植物体一般较粗壮，幼时绿色，老时呈褐绿色，无光泽，疏松成片生长。主茎匍匐伸展，叶片多脱落，具少数假根；支茎直立或垂倾，一般长可达5 cm，下部无分枝，中部以上一至二回密羽状分枝或树形分枝。叶着生于茎或枝上呈圆条形；横切面呈椭圆形，皮部8-9层小型厚壁细胞，髓部为7-8层大型透明薄壁细胞，中轴分化；干时舒展。茎叶由卵形基部渐成锐尖，强烈膨起；叶边尖部具细齿；中肋粗壮，长达叶片近尖部；叶细胞椭圆形至菱形，长5-12 μm；角细胞短而呈方形，细胞壁多加厚，平滑。枝叶约为茎叶长度的1/2。孢蒴未见。

生境：多于海拔1200-3600 m的岩面上生长。

分布：产于我国湖北、云南、西藏；日本亦有分布。

生境照

全叶　　叶尖

57. 牛舌藓科 Anomodontaceae

293 羊角藓 *Herpetineuron toccoae* (Sull. & Lesq.) Cardot

植物体型中等，呈丛集交织生长，上部黄绿色至绿色，基部呈暗绿色，干时枝尖向内卷曲。主茎匍匐，常具营养繁殖匍匐枝；支茎直立或倾立，不规则稀疏分枝。茎叶与枝叶近于同形，卵状披针形或阔披针形，多具横波纹，上部渐尖。叶边除近基部平滑外，具不规则粗齿；中肋粗壮，上部渐细而明显扭曲；叶细胞近于同形，六角形，壁厚，平滑，不透明。枝叶略小而狭窄。

生境：多于阴湿石壁或岩面生长。

分布：产于我国黑龙江、内蒙古、山东、安徽、江苏、湖北、台湾、重庆、云南；日本、朝鲜、菲律宾、印度尼西亚、泰国、印度、斯里兰卡、南美洲、北美洲及新喀里多尼亚亦有分布。

生境照

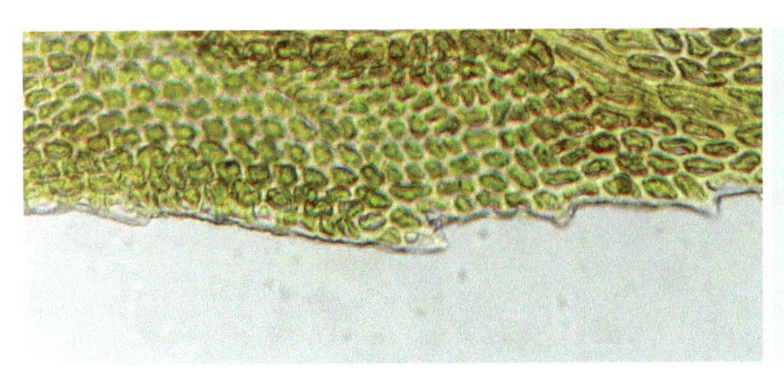

叶缘细胞

全叶

294 鞭枝多枝藓 *Haplohymenium flagelliforme* Savicz

植物体纤细，黄绿色至暗绿色，老时呈深棕色，呈疏松小片状生长。茎匍匐伸展，不规则分枝，枝稀少，垂倾，呈鞭枝状；中轴不分化。茎叶心脏形，渐上成短尖，内凹，长达1 mm以上；叶边上部具少数通常反曲的齿；中肋长达叶片长度的3/4，不透明。叶中部细胞圆六角形，壁厚，具多数疣状突起。枝叶与茎叶类似，湿时有时背仰。孢子体未见。

生境：多生长于山区树干上或石灰岩附生。

分布：产于我国内蒙古、湖北；俄罗斯（西伯利亚）和日本（本州）亦有分布。

全叶

生境照

叶尖细胞

295 长肋多枝藓 *Haplohymenium longinerve* (Broth.) Broth.

植物体形纤细，黄绿色至暗绿色，老时呈黄褐色至褐色，疏松交织成片。茎匍匐，长达5 cm以上，不规则羽状分枝；枝稀少，呈鞭枝状；中轴未分化。茎叶与枝叶不同形。茎叶基部宽卵形，向上突成狭披针形尖，长0.3-0.6 mm；叶边平展；中肋近于达叶片尖部。叶中部细胞圆六角形，直径8-15 μm，壁厚，背面具单个刺疣；叶基的中部细胞椭圆形，平滑。枝叶阔卵形，向上渐成宽披针形；中肋达叶上部；叶细胞圆六角形，具单刺疣或多数疣状突起。雌雄异株。孢蒴与蒴齿均类似暗绿多枝藓。孢子具密细疣。蒴帽兜形，具少数直立纤毛。

生境： 多于亚高山林内树干及石壁生长。

分布： 产于我国安徽、湖北、台湾；中国特有种。

生境照

叶尖　　全叶

296 小牛舌藓全缘亚种 *Anomodon minor* (Hedw.) Fuernr. subsp. *integerrimus* (Mitt.) Iwatuski

植物体一般纤细，淡绿色，老时呈褐色，呈疏松丛集片状。主茎匍匐，叶片多脱落，支茎直立或倾立，长2-7 cm，规则或不规则羽状分枝；中轴缺失。茎叶丛集，干时贴生，湿时倾立，外观二列形，由基部向上呈阔舌形，尖部宽阔圆钝；叶边略具齿；中肋长达叶尖下，顶端常分叉，透明。雌雄异株。雌苞叶由卵形基部向上成狭披针尖。孢蒴长卵形，孢子具细疣，蒴帽平滑。

生境：多生长于背阴石灰岩壁上，稀树干附生。

分布：产于我国内蒙古、河北、陕西、湖北、四川、云南、西藏；印度、尼泊尔、不丹、朝鲜和日本亦有分布。

叶尖　　全叶

生境照

四 角苔植物

58. 角苔科 Anthocerotaceae

297 角苔 *Anthoceros punctatus* L.

植物体深绿色或黄绿色，叶状，匍匐丛生，叉状分枝。横切面5-10个细胞厚。雌雄同株异苞，精子器和颈卵器均起源于叶状体内部组织的不定处，位于叶状体背部。孢蒴长角状或粗烛状，无柄，长1-2 cm。有蒴轴。孢蒴成熟后纵长两瓣开裂。

生境： 多生于海拔600-2100 m的山地，见于山坡土壁上，土生。

分布： 产于我国东北、湖北、贵州、云南等地；欧洲、北美洲亦有分布。

叶缘　　全叶　　叶中部细胞

生境照

59. 短角苔科 Notothyladaceae

298 高领黄角苔 *Phaeoceros carolinianus* (Michx.) Prosk.

植物叶状体中等大，扁平，扇形或圆花状，绿色或深绿色。叉形分瓣，边缘常有不规则圆形瓣裂或缺刻，内部无黏液腔。雌雄同株。孢子体角状，成熟后2裂，蒴壁具气孔；孢子黄绿色，四分孢子型；假弹丝细胞壁薄，膝曲状，常分枝。

生境：多生于潮湿土上。

分布：产于我国湖北、福建、台湾、云南；近乎世界广布。

生境照

叶中部细胞

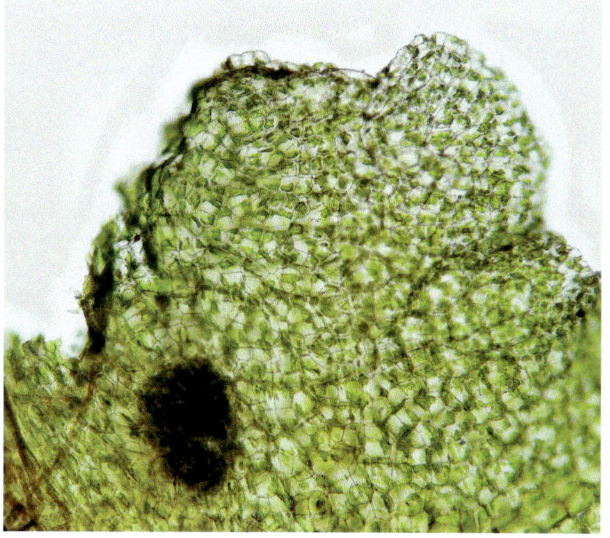

叶缘

299 黄角苔 *Phaeoceros laevis* (L.) Prosk.

植物叶状体中等大，扁平，扇形或圆花状，绿色或深绿色。叉形分瓣，边缘常有不规则圆形瓣裂或缺刻，内部无黏液腔。雌雄异株。孢子体角状，成熟后2裂，蒴壁具气孔；孢子黄绿色，四分孢子型；假弹丝细胞壁薄，膝曲状，常分枝。

生境： 多生于农地或苗圃地的湿土上。

分布： 产于我国东北、华北、华东、华中、华南和西南；朝鲜半岛、日本、印度、菲律宾、印度尼西亚、俄罗斯、巴西、澳大利亚、新西兰，以及欧洲和北美洲亦有分布。

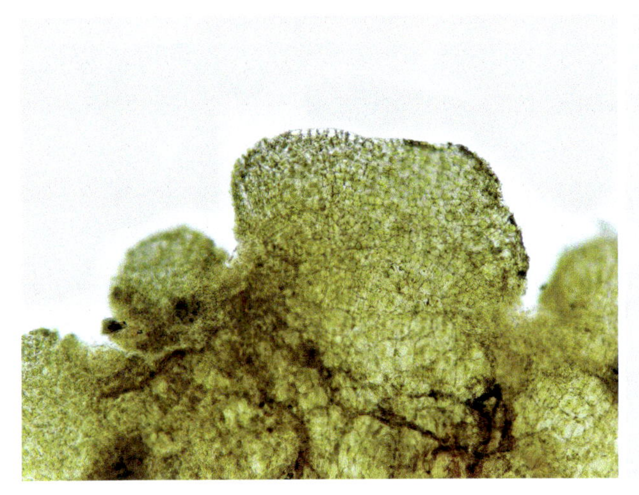

叶缘

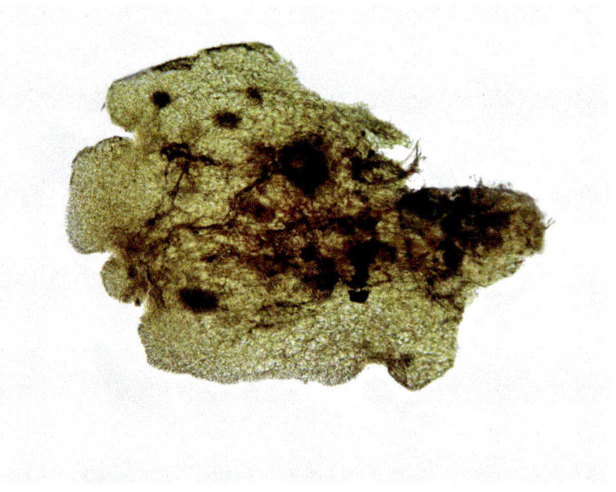

全叶

生境照

参 考 文 献

[1] 贺昌锐．木林子自然保护区珍稀植物分析 [J]．南都学坛：南阳师专学报，1998，18（3）：63-65．

[2] 宋建中，李博．鄂西木林子自然保护区种子植物区系的初步研究 [J]．华中师范大学学报（自然科学版），1990，24（1）：61-69．

[3] 严兴初，陈星球．鄂西木林子自然保护区蕨类植物区系研究 [J]．华中师范大学学报（自然科学版），1995，29（2）：225-230．

[4] 王虹，覃瑞．木林子国家级自然保护区植物图鉴 [M]．武汉：武汉大学出版社，2015．

[5] 葛继稳，胡鸿兴，李博，等．湖北木林子自然保护区森林生物多样性研究 [M]．北京：科学出版社，2009．

[6] 姚兰，艾训儒，朱江，等．湖北木林子森林动态监测样地——树种及其分布格局 [M]．北京：科学出版社，2022．

[7] 洪柳，吴林，牟利，等．木林子国家级自然保护区苔藓植物物种与区系研究 [J]．植物科学学报，2020，38（1）：68-76．

[8] 中国科学院中国孢子植物志编辑委员会．中国苔藓志．第1-10卷 [M]．北京：科学出版社，1994-2011．

[9] 贾渝，何思．中国生物物种名录 第一卷 植物 苔藓植物 [M]．北京：科学出版社，2013．

[10] Yu X J, Liu X F, Hong L, et al. A new checklist of bryophytes in Hubei province, China [J]. CHENIA, 2020, 14: 180-224.

[11] Zhang L, Corlett R T. Phytogeography of Hong Kong bryophytes [J]. J Biogeogr, 2003, 30 (9): 1329-1337.

[12] 程丽媛，曹同，张宏伟，等．浙江省清凉峰自然保护区苔藓植物区系成分研究 [J]．西北植物学报，2016，36（2）：398-403．

[13] 刘艳，皮春燕，田尚．重庆大巴山国家级自然保护区苔藓植物多样性 [J]．生物多样性，2016，24（2）：244-247．

[14] 刘艳，田尚．重庆大巴山国家级自然保护区苔藓植物区系研究 [J]．重庆师范大学学报（自然科学版），2017，34（5）：99-103．

[15] 李粉霞．佛坪国家自然保护区苔藓植物的物种及生态系统多样性 [D]．上海：华东师范大学博士学位论文，2006．

[16] 唐艳雪．广西十万大山自然保护区苔藓植物区系及地理分布研究 [D]．上海：上海师范大学硕士学位论文，2014．

中文名索引

Y

Z

拉丁名索引

A

B

C

D

E

F

N

O

P

R

S